高效节水灌溉集成技术培训丛书

广西主要农作物灌溉需水量及实用灌溉技术手册

吴卫熊　黄　凯　陈　春　黄旭升　著

中国水利水电出版社
www.waterpub.com.cn
·北京·

内 容 提 要

本书是高效节水灌溉集成技术培训丛书之一。本书的主要内容包括：广西主要作物概述，包括自然地理和耕地分布概况以及甘蔗和木薯种植情况；糖料蔗耗水规律和需水量；木薯需水量和生长模型；旱作物实用灌溉技术，包括山丘区自动化灌溉和水锤泵提水调蓄灌溉木薯技术、灌溉系统排气减震和集中式灌溉施肥装置、太阳能和风能提水灌溉技术；高效节水灌溉管理技术要点，包括糖料蔗和木薯节水灌溉工程管理模式等。

本书可为糖料蔗、木薯发展高效节水灌溉提供科学技术依据，并供从事节水灌溉工作的人员参考使用。

图书在版编目（ＣＩＰ）数据

广西主要农作物灌溉需水量及实用灌溉技术手册 /
吴卫熊等著. -- 北京：中国水利水电出版社，2020.7
（高效节水灌溉集成技术培训丛书）
ISBN 978-7-5170-8710-6

Ⅰ．①广… Ⅱ．①吴… Ⅲ．①作物需水量－农田灌溉－技术培训－教材 Ⅳ．①S274

中国版本图书馆CIP数据核字(2020)第128051号

书　　名	高效节水灌溉集成技术培训丛书 **广西主要农作物灌溉需水量及实用灌溉技术手册** GUANGXI ZHUYAO NONGZUOWU GUANGGAI XUSHUILIANG JI SHIYONG GUANGGAI JISHU SHOUCE
作　　者	吴卫熊　黄凯　陈春　黄旭升　著
出版发行	中国水利水电出版社 （北京市海淀区玉渊潭南路1号D座　100038） 网址：www. waterpub. com. cn E-mail：sales@waterpub. com. cn 电话：（010）68367658（营销中心）
经　　售	北京科水图书销售中心（零售） 电话：（010）88383994、63202643、68545874 全国各地新华书店和相关出版物销售网点
排　　版	中国水利水电出版社微机排版中心
印　　刷	清淞永业（天津）印刷有限公司
规　　格	140mm×203mm　32开本　4.875印张　135千字
版　　次	2020年7月第1版　2020年7月第1次印刷
印　　数	0001—1000 册
定　　价	**30.00元**

前　言

FOREWORD

广西地处中、南亚热带季风气候区，年日照时数1400~1800h，年均气温21.8℃，年均有效积温6800℃，年无霜期达330天以上，年均降雨量1537mm，温光雨同季，三者相互配合，是我国最适宜种植糖料蔗、木薯等作物的地区之一。

长期以来，糖料蔗、木薯等作物需水规律不清、灌溉制度不明、实用灌溉技术相对缺乏，在需水规律和灌溉制度方面的研究还明显滞后，无法提供一个合理科学的灌溉制度，使得灌溉操作缺乏依据，田间管理粗放，对何时灌溉和灌溉多少水量没有标准，造成水资源浪费。对当地农户，特别是规模化经营的种植企业生产造成一定的困扰，也制约了当地农业的发展和农户收入水平的提高。

为了破解这些难题，广西壮族自治区水利科学研究院通过申请并开展广西重点研发项目"广西农业节水技术和激励机制耦合研究与应用"（桂科AB16380257）和"基于多源信息融合的典型灌区农业用水调控与测算技术研究与应用"（桂科AB19245039）等项目研究，在崇左市、南宁市、北海市、百色市、河池市等地进行了大量的糖料蔗、木薯等作物的灌溉试验，提出糖料蔗、木薯等作物的需水量手册以及实用灌溉技术，可为广西糖料蔗、木薯发展高效节水灌溉提供科学依据，并供从事节水灌溉工作的人员参考使用。同时，由于编者水平有限，书中难免存在不足之处，恳请广大读者批评指正。

编者
2020 年 2 月

目 录

CONTENTS

第1章

广西主要作物概述

1.1 自然地理情况

广西壮族自治区（以下简称广西）地处中国南部，位于北纬 20°54′～26°20′，东经 104°29′～112°04′。南临北部湾，与海南省隔海相望，东连广东，东北接湖南，西北靠贵州，西与云南接壤，西南与越南毗邻，行政区域总面积 23.67 万 km²。全区海岸线长 1595km，沿海岛屿、港湾众多，自西向东分布有防城、钦州、北海、铁山等重要港口及渔港 32 个、海岛 642 个、滩涂面积 113 万亩，浅海面积约 175 万亩，潮汐能蕴藏量为 27 万 kW。

广西地处云贵高原东南边缘，地势由西北向东南倾斜，桂东、桂东北、桂中、桂南、桂西地形以中山、山丘为主，间以河谷平原、盆地、谷地。桂西北以石山为主，由于石灰岩地层分布广，岩层厚，质地纯，褶纹断裂发育，加上高温多雨的气候条件，形成典型的岩溶地貌。受灌溉条件的限制，全区水田主要分布在河谷平原、盆地、谷地及较低地势的丘陵区，而坡地则以旱作为主。

广西地处低纬度地区，南临热带海洋，西、西北接云贵高原，北回归线横贯中部，属亚热带季风气候区，日照时间长。受海洋暖湿气流和北方变性冷空气团的交替影响，夏季时间长、气温高、降雨多，冬季时间短、天气干暖。广西是国内气温较高、降水较多的地区之一。年平均气温为17～22℃，极端最高气温达42.5℃。广西境内多年平均降雨量1537mm，各地多年平均降雨量为1000～3000mm。由于地形起伏和大气环流的影响，降雨时间分布极不均匀，降雨多集中在4—9月，占全年总降雨量的70％～85％，且区域分布极不均匀，形成南、北部多，东、中部次之，西部最少。受降雨时空分布及地形地貌的影响，广西形成桂中［贵港市、来宾市、玉林市、南宁市等18个县（市、区）］、左江［崇左市7个县（市、区）］、桂西北［河池市、百色市、南宁市、柳州市等33个（市、区）］等三大传统旱片，且区域性旱涝灾害频繁，近5年全区年均因旱成灾面积1100万亩以上，粮食减产300多万t。

1.2　耕地分布概况

广西地少人多，全区耕地总面积6680.33万亩，占土地总面积的18.53％，其中水田1936.15万亩，占耕地总面积的28.98％，水浇地391.91万亩，占耕地总面积的5.87％。全区现有耕地面积居全国第18位，人均耕地面积居全国第22位。

广西素有"八山一水一分田"之称，广西耕地的地区性分布差异较大。按照区域地形地貌和土壤特性，广西耕地大致可分为三个区域：一是以山间盆地、河谷平原台地为主的平原台地区；二是以岩溶山地为主的石山地区；三是以丘陵山地为主的丘陵山区。广西70％的耕地分布在桂东、桂东南、桂中的丘陵台地和谷地平原中，并以水田为主，水田面积占当地耕地面积的75％以上；桂西及桂西北山区，尤其是岩溶山区，耕地零星分布于山间谷地中，多以旱地为主。相对连片的耕地集中在浔江平原、南流江三角洲、宾阳至武陵山前平原、玉林盆地、左江河谷、南宁盆地、湘桂走廊、贺江中下游平原、郁江横县平原、钦江三角洲、宁明盆地等。

1.3 甘蔗种植情况

据广西统计部门统计，广西糖料蔗种植分布在 94 个县（市、区），种植总面积为 1646.13 万亩（见表 1-1），其中：10 万亩以上的县（市、区）共 43 个，种植面积 1502.87 万亩；5 万～10 万亩的县（市、区）有 15 个，种植面积 108.32 万亩；1 万～5 万亩的县（市、区）有 9 个，种植面积 23.78 万亩；1 万亩以下的县（市、区）有 27 个，种植面积 6.87 万亩；其他未纳入各县统计的种植面积 4.29 万亩。在广西 94 个种植糖料蔗的县（市、区）中，种植面积在 100 万亩以上的县（市、区）有 3 个，分别是兴宾区、扶绥县和江州区；50 万～100 万亩的县（市、区）有 4 个，分别是宁明县、龙州县、上思县、柳城县；30 万～50 万亩的县（市、区）有 10 个，分别是大新县、武宣县、柳江县、武鸣县（含东盟区）、横县、宜州市、田东县、象州县、宾阳县、右江区；15 万～30 万亩的县（市、区）有 14 个，分别是合浦县、邕宁区、鹿寨县（含雒容镇）、灵山县、江南区（含吴圩镇）、良庆区、钦南区、覃塘区、罗城县、隆安县、忻城县、田阳县、环江县、上林县；10 万～15 万亩的县（市、区）有 12 个，分别是钦北区、银海区、融水县、融安县、平果县、浦北县、金城江区、都安县、巴马县、靖西县、田林县、德保县。

糖料蔗种植在区域分布上主要集中在桂中、桂南、桂西南以及桂西北丘陵山地和河谷地带，形成了桂中优势区、桂南优势区、桂西南优势区和桂西北优势区等四个优势区域，其中，桂中优势区（柳州市、来宾市和贵港市的相关县）糖料蔗种植面积 440.10 万亩，占全广西种植面积的 28.12%；桂南优势区（南宁市、北海市、钦州市和防城港市的相关县）糖料蔗种植面积 418.09 万亩，占全广西种植面积的 27.11%；桂西南优势区（崇左市的相关县）糖料蔗种植面积 401.14 万亩，占全广西种植面积的 26.12%；桂西北优势区（百色市和河池市的相关县）糖料蔗种植面积 263.53 万亩，占全广西种植面积的 16.87%；四个优势区域糖料蔗种植面积占全广西种植面积的 98.22%，其他区域（玉林市、梧州市、贺州市、桂林市等）种植面积 26.05 万亩，仅占全广西种植面积的 1.78%，糖料蔗种植聚集度高，区域布局优势明显。

根据广西各制糖企业相对固定的糖料蔗区调查统计，全广西相对固定的糖料蔗区共涉及 6097 个村委、168.12 万农户，蔗农 752.55 万人。其中，种植面积在 3000 亩以上的村委共 1714 个、种植面积 1140.73 万亩，占各糖企相对固定的糖料蔗区总面积的 73.65%；种植面积在 1000~3000 亩的村委共 1690 个、种植面积 298.26 万亩，占 19.26%；种植面积在 500~1000 亩的村委共 1041 个、种植面积 75.67 万亩，占 4.89%；种植面积在 300~500 亩的村委共 507 个、种植面积 19.37 万亩，占 1.25%；种植面积少于 300 亩的村委共 1145 个、种植面积 14.87 万亩，占 0.96%。种植面积在 1000 亩以上的村委共 3404 个、种植总面积 1438.99 万亩，占各糖企相对固定的糖料蔗区总面积的 92.99%，种植面积在 500 亩以下的村委共 1652 个、种植总面积仅 34.24 万亩，仅占各糖企相对固定的糖料蔗区总面积的 2.21%，说明广西绝大部分糖料蔗种植面积集中于广西一些行政村中。各分区统计见表 1-1。

（1）地形地貌情况。广西糖料蔗种植耕地主要分为平地（蔗区耕地坡度小于 5°）、岗地（蔗区耕地坡度 5°~15°）、丘陵地（蔗区耕地坡度 15°~25°）和山地（蔗区耕地坡度大于 25°）四类。根据广西各糖企相对固定的糖料蔗区调查统计：蔗区耕地坡度小于 5°的有 532.96 万亩，耕地坡度为 5°~15°的有 324.09 万亩，耕地坡度为 15°~25°的有 406.78 万亩，耕地坡度大于 25°的有 285.08 万亩。蔗区耕地坡度在 15°以下的共有 857.05 万亩，占各糖企相对固定的糖料蔗区总面积的 55.33%；蔗区耕地坡度在 15°以上的共有 691.86 万亩，占各糖企相对固定的糖料蔗区总

表1-1　广西各糖企相对固定的糖料蔗区片区规模统计表

区域	地级市	片区规模		300亩以下		300~500亩		500~1000亩		1000~3000亩		3000亩以上	
		涉及村委/个	种植面积/万亩	涉及村委/个	种植面积/万亩	涉及村委/个	种植面积/万亩	涉及村委/个	种植面积/万亩	涉及村委/个	种植面积/万亩	涉及村委/个	种植面积/万亩
合　计		6097	1548.91	1145	14.87	507	19.37	1041	75.67	1690	298.26	1714	1140.73
桂南	小计	1823	418.09	417	4.98	138	5.36	257	18.67	516	97.40	495	291.68
	南宁市	1053	228.84	239	3.08	93	3.60	161	11.73	304	56.57	256	153.87
	钦州市	446	77.55	135	1.31	20	0.79	67	4.75	118	23.92	106	46.78
	防城港市	111	58.14	1	0.01	3	0.12	3	0.21	33	5.27	71	52.53
	北海市	213	53.56	42	0.57	22	0.86	26	1.98	61	11.64	62	38.51
桂西南	崇左市	695	401.14	31	0.63	33	1.61	53	4.32	148	27.51	430	367.07
桂中	小计	1475	440.10	183	2.40	107	4.18	212	14.96	428	76.16	545	342.41
	来宾市	664	245.09	32	0.43	36	1.41	42	3.04	215	38.37	339	201.85
	柳州市	524	155.22	80	1.13	45	1.72	72	4.99	135	25.54	192	121.83
	贵港市	287	39.79	71	0.83	26	1.05	98	6.93	78	12.25	14	18.73
桂西北	小计	1883	263.53	492	6.58	223	8.02	424	30.01	509	83.19	235	135.73
	百色市	1100	148.80	320	4.22	147	5.11	242	17.12	258	42.67	133	79.68
	河池市	783	114.72	172	2.36	76	2.91	182	12.88	251	40.52	102	56.05
其他区域	桂林、贺州、梧州、玉林小计	221	26.05	22	0.29	6	0.21	95	7.71	89	13.99	9	3.84

面积的 44.67%。蔗区耕地坡度大于 25°的将按《中华人民共和国水土保持法》的规定，逐步实行退耕还林，不再耕种。在桂中、桂南、桂西南和桂西北等四个优势区域中，能实现机械化作业（即蔗区耕地坡度在 15°以下的平地和岗地）的耕地面积分别为 298.73 万亩、203.69 万亩、214.29 万亩、119.19 万亩，分别占该区域各糖企相对固定的糖料蔗区面积的 67.88%、48.72%、53.42%、45.23%。

（2）土壤分布情况。广西糖料蔗种植耕地主要分为砂土、壤土、黏土和土层较薄的岩溶地区四类。根据各糖企相对固定的糖料蔗区调查统计，属砂土耕地面积 335.26 万亩，属壤土耕地面积 735.45 万亩，属黏土耕地面积 328.45 万亩，属土层较薄的岩溶地区耕地面积 149.75 万亩。蔗区土壤属砂、壤土的种植面积共有 1070.71 万亩，占各糖企相对固定的糖料蔗区总面积的 69.13%。广西种植糖料蔗的耕地主要是砂土、壤土，种植在土层较薄的岩溶地区的耕地面积只占各糖企相对固定的糖料蔗区总面积的 9.67%，占比不大。根据相关调查研究成果，广西糖料蔗区土壤以第四纪红土母质发育的酸性土壤为主，约占蔗区总面积的 70%，其中红土又以赤红壤居多，石灰岩土壤也较多，还有少量的硅质土和砾质土；蔗区土壤有机质含量中等偏低，有效磷、有效钾缺乏，其土壤 pH 值为 5.0～5.5，土壤全磷和有效磷含量较低，土壤对磷的固定作用强烈，导致普遍缺磷；多数土壤母质含钾量偏低，土壤淋溶强烈。岩溶地区蔗区主要分布在喀斯特岩溶地区的河池市、百色市和崇左市等部分县区，其土层较薄、土壤贫瘠，蔗糖产量低，不适宜发展高效节水灌溉和机械化耕收。

（3）农户种蔗情况。据统计，单户拥有蔗地 50 亩以上的仅有 3.42 万户，蔗区面积 161.99 万亩，不到总蔗区面积的 10%；其中，单户拥有蔗地 200 亩以上的仅有 1161 户，蔗区面积 35.54 万亩，仅占总蔗区面积的 2%；单户拥有蔗地 500 亩以上的仅有 196 户，蔗区面积 19.01 万亩，仅占总蔗区面积的 1%左右。大部分农户拥有的蔗地仅 9.5 亩，分散经营种植是目前广西蔗区生产的主要特点。

1.4 木薯种植情况

木薯也称树薯，归为大戟科植物，起先产于美洲热带、亚热带地区，种植范围广泛，是世界三大薯类（木薯、甘薯、马铃薯）之一。木薯用途广，其鲜薯可以压榨成淀粉，淀粉可用在食品工作生产和化工生产中。食品工作生产商可将木薯淀粉用作食品添加剂和食品配料如汤料等，也可直接制成成品销售；化工生产上也可将木薯淀粉作为添加剂，用在纺制布料和制作粘合剂等上，它起到分解和降解酶的作用并因能降低生产成本而受到生产商的欢迎；木薯可以加工成酒精。

木薯作为经济作物，适应性强，属短日照作物，喜阳光而不耐隐蔽，对土壤要求不严，在关键生育期对水肥的敏感性相对较高。木薯目前主要分布在南美洲、非洲、亚洲一些热带、亚热带国家。19 世纪 20 年代，木薯首先被引入到广东省高州，海南、广西、贵州、江西、四川等热带地区也引种栽培，目前广西的种植面积最大。

广西地处中、南亚热带，全区耕地面积 6326 万亩，人均耕地 1.23 亩，约是全国人均耕地的 54%。广西耕地大多为旱坡地，无灌溉设施面积近 4200 万亩，其中 350 万亩用于种植木薯。广西木薯产量约占全国的 60% 以上，是我国木薯主产区，有着悠久的木薯种植历史，目前共有 83 个县（市、区）、近 800 万人种植木薯，木薯已成为农民增收和地方财政收入的重要来源。结合广西统计年鉴及相关统计数据，2004—2015 年广西木薯种植面积与总产量均呈现上升趋势，广西 2004—2015 年木薯种植面积、总产量、总产值关系见图 1-1 和图 1-2，广西各地市木薯种植面积和产量见图 1-3。

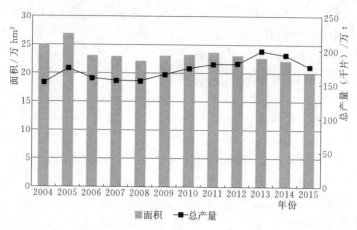

图1-1　广西2004—2015年木薯种植面积与总产量

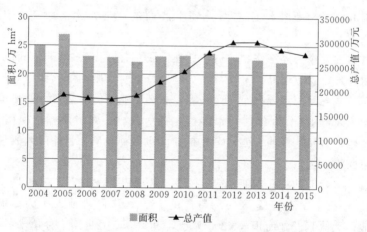

图1-2　广西2004—2015年木薯种植面积与总产值

国家和广西政府一直以来十分重视广西木薯的生产发展。广西党委和政府将木薯列为农业重点培育产业加以发展。2007年年底中粮集团北海生物质能源公司乙醇项目正式落成投产，2015年广西已有木薯淀粉厂150多家，木薯酒精厂20多家，木薯种植面积349.35万亩，鲜薯总产量519.64万t，亩产1.49t，木薯种植面积、产量均占全国60%以上。

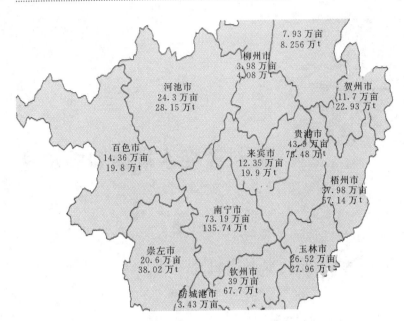

图 1-3 广西各地市木薯种植面积和产量

第2章

糖料蔗耗水规律和需水量

2.1 糖料蔗耗水规律研究

2.1.1 基础资料来源

气象资料主要来源于全国 752 个基本、基准地面气象观测站及自动站 1952—2014 年的逐日气象数据集，包括日平均气压、最高气压、最低气压、平均气温、最高气温、最低气温、平均相对湿度、最小相对湿度、平均风速、最大风速和风向、极大风速与风向、日照时数、降水量等。结合广西糖料蔗区的分布情况、气候特点及蔗区土壤类型，选择桂南的南宁站（经度 108°13″、纬度 22°38″）、桂南沿海的北海站（经度 109°08″、纬度 21°27″）、桂中的来宾站（经度 109°14″、纬度 23°45″）、桂西南的龙州站（经度 106°51″、纬度 22°20″）的逐日气象数据作为广西不同区域糖料蔗耗水规律及灌溉需水量研究的基础数据。

2.1.2 糖料蔗耗水量计算方法

糖料蔗耗水量主要由维持糖料蔗正常生长发育的蒸腾水量和颗间土壤蒸发水量构成。气象条件、作物生物生理特性、土壤水分状况是影响糖料蔗耗水量的主要因素。气象条件是糖料蔗耗水量的外在决定因素,由糖料蔗生长的环境决定。作物生物生理特性是糖料蔗耗水量的内在决定因素,由糖料蔗不同生长发育阶段的生物特性决定。土壤水分状况是糖料蔗耗水量的主要限制因素,当土壤水分含量低于糖料蔗生长发育阶段适宜的土壤水分含量值时,会出现水分亏缺,降低糖料蔗的实际耗水量,进而影响糖料蔗的生长发育,是分析糖料蔗非充分灌溉时耗水量的主要因素。

本节主要分析糖料蔗充分灌溉时的耗水量,参照前人已有的研究成果,综合考虑气象条件和作物生物生理特性,采用作物系数法计算糖料蔗耗水量,即通过参考作物腾发量(ET_0)和糖料蔗不同生育阶段的作物系数(K_c)确定糖料蔗耗水量,计算公式见式(2-1):

$$ET_c = K_c \times ET_0 \qquad (2-1)$$

式中 ET_c——糖料蔗耗水量;

      K_c——糖料蔗不同生育阶段的作物系数;

      ET_0——参考作物腾发量。

2.1.3 参考作物腾发量计算

参考作物腾发量是计算糖料蔗耗水量的关键指标。针对参考作物腾发量的计算方法众多,本节采用联合国粮农组织推荐、国内外普遍采用的 Penman-Monteith 公式计算。

2.1.3.1 Penman-Monteith 公式

Penman-Monteith 公式假定一种作物植株高度 0.12m,固定的作物表面阻力为 70m/s,反射率为 0.23,非常类似于表面开阔、高度一致、生长旺盛、完全遮盖地面而且水充分适宜的绿色草地,这种假定作物的蒸散量即为参考作物的腾发量。

Penman-Monteith 计算公式见式(2-2):

$$PE = \frac{0.408\Delta(R_n - G) + \gamma\dfrac{900}{T_{mean} + 273}u_2(e_s - e_a)}{\Delta + \gamma(1 + 0.34u_2)} \quad (2-2)$$

式中　PE——参考作物的腾发量，mm/d；

$\quad\quad R_n$——地表净辐射，MJ/(m² · d)；

$\quad\quad G$——土壤热通量，MJ/(m² · d)；

$\quad\quad T_{mean}$——日平均气温，℃；

$\quad\quad u_2$——2m 高处风速，m/s；

$\quad\quad e_s$——饱和水气压，kPa；

$\quad\quad e_a$——实际水气压，kPa；

$\quad\quad \Delta$——饱和水气压曲线斜率，kPa/℃；

$\quad\quad \gamma$——干湿表常数，kPa/℃。

2.1.3.2　Penman - Monteith 公式各分量的计算方法和计算步骤

（1）日平均气温计算。日平均气温计算公式见式（2-3）：

$$T_{mean} = \frac{T_{max} + T_{min}}{2} \quad (2-3)$$

式中　T_{max}——日最高气温，℃；

$\quad\quad T_{min}$——日最低气温，℃。

（2）饱和水气压计算。饱和水气压计算公式见式（2-4）：

$$
\begin{aligned}
e_s &= \frac{eT_{max} + eT_{min}}{2} \\
&= \frac{0.6108\exp\left(\dfrac{17.27T_{max}}{T_{max} + 237.3}\right) + 0.6108\exp\left(\dfrac{17.27T_{min}}{T_{min} + 237.3}\right)}{2}
\end{aligned}
$$

$$(2-4)$$

（3）实际水气压计算。实际水气压计算公式见式（2-5）：

$$e_a = e_s RH_{mean} \quad (2-5)$$

式中　RH_{mean}——空气平均相对湿度，%。

（4）饱和水气压曲线斜率计算。饱和水气压曲线斜率计算公式见式（2-6）：

$$\Delta = \frac{4098\left[0.6108\exp\left(\dfrac{17.27T_{\mathrm{mean}}}{T_{\mathrm{mean}}+237.3}\right)\right]}{(T_{\mathrm{mean}}+237.3)^2} \qquad (2-6)$$

（5）净辐射计算。净辐射计算公式见式（2-7）：

$$R_n = R_{ns} - R_{nl} \qquad (2-7)$$

式中　R_{ns}——净短波辐射，$\mathrm{MJ/(m^2 \cdot d)}$；

　　　R_{nl}——净长波辐射，$\mathrm{MJ/(m^2 \cdot d)}$。

（6）净短波辐射计算。净短波辐射计算公式见式（2-8）：

$$R_{ns} = (1-\partial)R_s \qquad (2-8)$$

式中　∂——参考作物反射率，取 0.23；

　　　R_s——太阳辐射，$\mathrm{MJ/(m^2 \cdot d)}$。

（7）净长波辐射计算。净长波辐射使用斯蒂芬-波尔茨曼定律计算，计算公式见式（2-9）：

$$R_{nl} = \sigma\left(\frac{T_{\max,K}^4 + T_{\min,K}^4}{2}\right)\left(0.34 - 0.14\sqrt{e_a}\right)\left(1.35\frac{R_s}{R_{s0}} - 0.35\right)$$

$$(2-9)$$

式中　σ——斯蒂芬-波尔茨曼常数，取 4.903×10^{-9}，$\mathrm{MJ/}$
　　　$(\mathrm{K^4 \cdot m^2 \cdot d})$；

　　$T_{\max,K}$——日最高绝对温度，开尔文（K）；

　　$T_{\min,K}$——日最低绝对温度，开尔文（K）；

　　　R_{s0}——晴空太阳辐射，$\mathrm{MJ/(m^2 \cdot d)}$。

（8）太阳辐射计算。太阳辐射计算公式见式（2-10）：

$$R_s = \left(a_s + b_s\frac{n}{N}\right)R_a \qquad (2-10)$$

式中　a_s——阴天短波辐射通量与大气边缘太阳辐射通量的比例
　　　系数，取 0.25；

　　　b_s——回归系数，$a_s + b_s$ 表示晴天短波辐射通量与大气边
　　　缘太阳辐射通量的比例系数，b_s 取 0.50；

　　　n——实际日照时数，h；

N——最大可能日照时数，h；

R_a——地球外辐射，MJ/(m² · d)。

（9）晴空太阳辐射计算。晴空太阳辐射计算公式见式（2 - 11）：

$$R_{s0} = (a_s + b_s)R_a \qquad (2 - 11)$$

（10）地球外辐射计算。地球外辐射计算公式见式（2 - 12）～式（2 - 15）：

$$R_a = \frac{24 \times 60}{\pi}G_{sc}d_r(\omega_s\sin\varphi\sin\delta + \cos\varphi\cos\delta\sin\omega_s) \quad (2 - 12)$$

$$d_r = 1 + 0.033\cos\left(\frac{2\pi}{365}J\right) \qquad (2 - 13)$$

$$\delta = 0.408\sin\left(\frac{2\pi}{365}J - 1.39\right) \qquad (2 - 14)$$

$$\omega_s = \arccos(-\tan\varphi\tan\delta) \qquad (2 - 15)$$

式中　G_{sc}——太阳常数，取 0.0820，MJ/(m² · d)；

　　　d_r——日地平均距离系数；

　　　ω_s——日出时角，rad；

　　　φ——纬度，rad；

　　　δ——太阳磁偏角，rad；

　　　J——日序，取值范围为 1～365 或 366，1 月 1 日取日
　　　　　序为 1。

（11）最大可能日照时数计算。最大可能日照时数计算公式见式（2 - 16）：

$$N = \frac{24}{\pi}\omega_s \qquad (2 - 16)$$

（12）土壤热通量计算。土壤热通量计算公式见式（2 - 17）：

$$G = c_s\frac{T_i - T_{i-1}}{\Delta t}\Delta z \approx 0.07(T_{i+1} + T_{i-1}) \qquad (2 - 17)$$

式中　c_s——土壤热容量，MJ/(m³ · d)；

T_i——第 i 天的平均气温，℃；

T_{i-1}——第 $i-1$ 天的平均气温，℃；

T_{i+1}——第 $i+1$ 天的平均气温，℃；

Δt——时间步长，d；

Δz——有效土壤深度，m。

（13）风速计算。在计算可能蒸散时，需要 2m 高处测量的风速。其他高度观测到的风速应进行换算，换算公式见式（2-18）：

$$u_2 = u_z \frac{4.87}{\ln(67.8z - 5.42)} \qquad (2-18)$$

式中　u_2——2m 高处的风速，m/s；

u_z——zm 高处测量的风速，m/s；

z——风速计仪器安放的离地面高程，m。

（14）干湿表常数计算。干湿表常数计算公式见式（2-19）~式（2-20）：

$$\gamma = \frac{c_p P}{\varepsilon \lambda} = 0.665 \times 10^{-3} P \qquad (2-19)$$

$$P = 101.3 \times \left(\frac{293 - 0.0065z}{293}\right)^{5.26} \qquad (2-20)$$

式中　λ——蒸发潜热，取 2.45，MJ/kg；

c_p——空气定压比热，取 1.013×10^{-3}，MJ/(kg·℃)；

ε——水与空气的分子量之比，取 0.622；

z——当地的海拔，m；

P——大气压，kPa。

2.1.3.3　参考作物腾发量计算结果分析

根据南宁、北海、来宾、龙州 4 个气象站长系列逐日观测得出的日平均气温、日最高气温、日最低气温、日平均相对湿度、日照时数、风标实际风速等指标，以及统计上述计算方法的得出的太阳近辐射量、土壤热通量等指标，采用 Penman - Monteith 公式计算得出参考作物逐日腾发量，并在此基础上统计得出逐月、逐年腾发量。南宁站、北海站、来宾站、龙州站 1952—

2014 年（部分年资料缺失）参考作物腾发量逐年统计值、年均值及月均值见图 2－1～图 2－4 及表 2－1。

由图 2－1 及表 2－1 可见，南宁站为代表的桂南蔗区参考作物年均腾发量为 1093.1mm，5—10 月参考作物月均腾发量较高，占年均腾发量的 65.3％。1952—2014 年期间参照作物年均腾发量呈减少趋势。根据统计，1952—1971 年期间参考作物年均腾发量为 1146.7mm，1972—1991 年期间参考作物年均腾发量为 1085.0mm，1992—2011 年期间参考作物年均腾发量为 1054.3mm，2012—2014 年期间参考作物年均腾发量为 1047.9mm，年日照小时数呈下降趋势是造成参考作物年均腾发量呈下降趋势的主要原因。

由图 2－2 及表 2－1 可见，北海站为代表的桂南沿海蔗区参考作物年均腾发量为 1266.0mm，5—10 月参考作物月均腾发量也较高，占年均腾发量的 63.0％。1953—2014 年期间参照作物年均腾发量呈一定的波动，但总体呈现基本稳定略有下降趋势。

由图 2－3 及表 2－1 可见，来宾站为代表的桂中蔗区参考作物年均腾发量为 1097.1mm，5—10 月参考作物月均腾发量也较高，占年均腾发量的 65.7％。1957—2014 年期间参照作物年均腾发量呈减少趋势。根据统计，1957—1971 年期间参考作物年均腾发量为 1158.5mm，1972—1991 年期间参考作物年均腾发量为 1105.9mm，1992—2011 年期间参考作物年均腾发量为 1048.9mm，2012—2014 年期间参考作物年均腾发量为 1053.7mm，年日照小时数呈下降趋势也是造成参考作物年均腾发量呈下降趋势的主要原因。

由图 2－4 及表 2－1 可见，龙州站为代表的桂西南蔗区参考作物年均腾发量为 1074.8mm，5—10 月参考作物月均腾发量也较高，占年均腾发量的 64.8％。1953—2014 年期间参照作物年均腾发量呈一定的波动，但总体呈现基本稳定略有上升趋势。

表 2-1　　　　　　　参考作物腾发量统计表　　　　单位：mm

代表站	参照作物月均腾发量												参考作物年均腾发量
	1 月	2 月	3 月	4 月	5 月	6 月	7 月	8 月	9 月	10 月	11 月	12 月	
南宁站	49.1	50.9	68.5	89.9	117.9	120.5	136.3	128.5	116.0	94.7	67.1	53.6	1093.1
北海站	65.1	59.5	77.4	99.6	137.9	133.2	147.5	133.4	126.9	118.9	91.1	75.5	1266.0
来宾站	49.8	50.7	66.7	85.0	111.3	116.6	140.2	133.4	120.9	98.3	68.8	55.4	1097.1
龙州站	48.9	52.6	70.0	90.6	121.0	120.4	131.4	125.5	110.1	88.2	63.9	52.3	1074.8

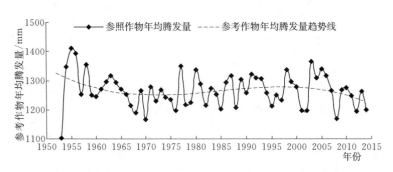

图 2-1　南宁站 1952—2014 年参照作物腾发量情况统计

图 2-2　北海站 1953—2014 年参照作物腾发量情况统计

2.1.4　糖料蔗作物系数确定

糖料蔗整个生育期分为萌芽期、幼苗期、分蘖期、伸长期和

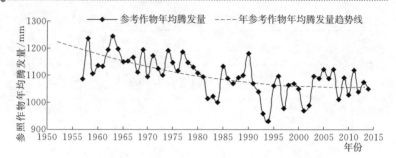

图 2-3　来宾站 1957—2014 年参照作物腾发量情况统计

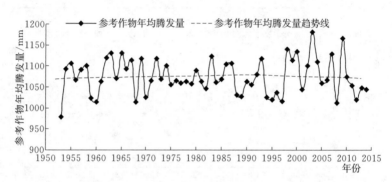

图 2-4　龙州站 1953—2014 年参照作物腾发量情况统计

成熟期 5 个阶段，见表 2-2。

表 2-2　　　　　　　　　糖料蔗主要生育期及特征

主要生育期	生理特征	适宜生长环境
萌芽期	下种后到萌发出土的芽数占原定总发芽数的 80% 以上	适宜温度 25～32℃；适宜水分为田间持水量的 60%～70%
幼苗期	自萌芽出土有 10% 蔗苗发生第 1 片真叶起，到有 50% 以上的苗产生五片真叶止	适宜温度 25℃左右；适宜水分为田间持水量的 60%～70%；肥料用量不大但需求迫切，对缺乏肥料最敏感
分蘖期	从有分蘖的幼苗占 10% 至全田幼苗开始拔节，且蔗叶平均伸长速度达每旬 1 寸	适宜温度 30℃左右；适宜水分为田间持水量的 70% 左右；氮、磷、钾肥料用量占全生育期用量的 20%～30%

主要 生育期	生理特征	适宜生长环境
伸长期	蔗株自开始拔节且蔗茎平均伸长速度达每旬 3cm 以上起至伸长基本停止	适宜温度 30℃左右；适宜水分为田间持水量的 60%～85%，用水量占全生育期用水量的 50%～60%
成熟期	蔗茎上下锤度达 0.9～1.0	适宜昼夜温差 10℃左右；适宜水分为田间持水量的 60%～70%

1998 年联合国粮农组织出版的《FAO Irrigation and Drainage Paper No. 56：Crop Evapotranspiration》中提出糖料蔗分为生育初期、分蘖期、生育旺盛期、成熟期 4 个阶段，对应阶段的作物系数分别为 0.40、0.81、1.25、0.75，简称作物系数Ⅰ。但部分学者通过试验对比，认为联合国粮农组织推荐的糖料蔗作物系数在生育初期和成熟期的值偏小，并在试验的基础上提出糖料蔗生育初期、分蘖期、生育旺盛期、成熟期的作物系数为 0.54、0.83、1.25、1.10，简称作物系数Ⅱ。结合广西糖料蔗种植情况，萌芽期和幼苗期为生育初期（3 月 1 日—4 月 30 日），分蘖期（5 月 1 日—6 月 10 日），伸长期为生育旺盛期（6 月 11 日—10 月 20 日），成熟期（10 月 21 日—12 月 30 日）。

为对比分析采用作物系数Ⅰ还是采用作物系数Ⅱ更符合广西实际，笔者采用 2013 年在江州区孔香灌溉试验站利用有底测坑进行糖料蔗灌溉制度试验的资料作参考。试验过程中，试验人员自 3 月 1 日糖料蔗萌芽开始，每隔 5 天监测一次有底测坑中土壤含水量，得出糖料蔗 5 日平均日耗水量，并记录气象资料。笔者根据这些气象资料采用 Penman - Monteith 公式及作物系数Ⅰ、作物系数Ⅱ，计算得出糖料蔗腾发量计算值，并与糖料蔗 5 日平均日耗水量实测值进行比较，见图 2－6。采用作物系数Ⅰ计算的糖料蔗生育初期和成熟期耗水量比实测值偏低，采用作物系数Ⅱ计算的糖料蔗不同生育期耗水量与实测值基本一致，较符合广西实际。

（a）　　　　　　　　　　　　　（b）

图 2 - 5　孔香灌溉试验站有底测坑试验区及试验现场照片

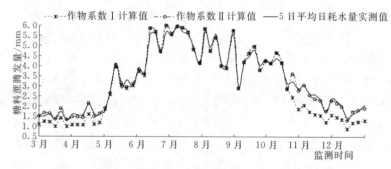

图 2 - 6　孔香灌溉试验站糖料蔗耗水量与实测耗水量对比

2.1.5　糖料蔗耗水规律

采用 Penman - Monteith 公式及糖料蔗作物系数计算得出南宁站、北海站、来宾站、龙州站糖料蔗逐日耗水量，并在此基础上统计得出逐月、逐年耗水量，见表 2 - 3 和图 2 - 7～图 2 - 10。

表 2 - 3　　　　　　　　　糖料蔗耗水量统计表　　　　　　　单位：mm

代表站	糖料蔗月均耗水量										糖料蔗年均耗水量
	3 月	4 月	5 月	6 月	7 月	8 月	9 月	10 月	11 月	12 月	
南宁站	36.0	48.0	96.8	132.5	170.3	160.7	145.6	114.8	74.3	59.3	1038.4
北海站	40.7	53.3	113.2	146.8	184.2	167.0	159.0	143.2	100.6	83.9	1191.9
来宾站	35.1	45.5	91.3	128.4	174.8	166.7	151.8	119.2	76.1	61.5	1050.3
龙州站	36.9	48.5	99.3	132.5	164.1	157.2	138.1	106.9	70.7	57.8	1012.2

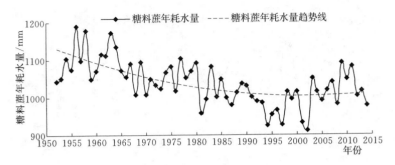

图 2-7 南宁站 1952—2014 年糖料蔗耗水量情况统计

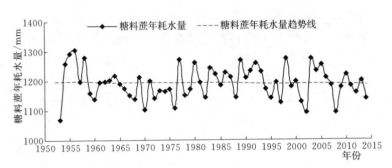

图 2-8 北海站 1953—2014 年糖料蔗耗水量情况统计

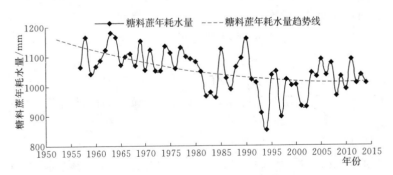

图 2-9 来宾站 1957—2014 年糖料蔗耗水量情况统计

由表 2-3 及图 2-7 可见，南宁站为代表的桂南蔗区，糖料蔗自 3 月初萌芽到 12 月底收获，年均耗水量为 1038.4mm。3—4 月生育初期耗水量为 84mm，占年均耗水量的 8.1%；5—6 月

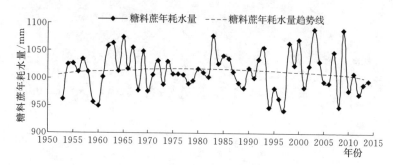

图 2-10　龙州站 1953—2014 年糖料蔗耗水量情况统计

上旬生育发展期耗水量为 142mm，占年均耗水量的 13.7％；6 月中旬—10 月中旬为糖料蔗生育旺盛期，耗水量为 641.9mm，占年均耗水量的 61.8％；10 月下旬—12 月成熟期耗水量为 170.5mm，占年均耗水量的 16.4％。从多年变化趋势来看，1952—2014 年糖料蔗年均耗水量的变化趋势与参考作物腾发量变化趋势一致，均呈减少趋势。

　　由表 2-3 及图 2-8 可见，北海站为代表的桂南沿海蔗区，糖料蔗年均耗水量为 1191.9mm。3—4 月生育初期耗水量为 94mm，占年均耗水量的 7.9％；5 月及 6 月上旬生育发展期耗水量为 162.2mm，占年均耗水量的 13.7％；6 月中旬—10 月中旬为糖料蔗生育旺盛期，耗水量为 705mm，占年均耗水量的 59.1％；10 月下旬—12 月成熟期耗水量为 230.7mm，占年均耗水量的 19.3％。从多年变化趋势来看，1953—2014 年糖料蔗的年耗水量呈一定的波动，但总体呈现基本稳定略有下降趋势。

　　由表 2-3 及图 2-9 可见，来宾站为代表的桂中蔗区，糖料蔗年均耗水量为 1050.3mm。3—4 月生育初期耗水量为 80.6mm，占年均耗水量的 7.7％；5 月及 6 月上旬生育发展期耗水量为 132.6mm，占年均耗水量的 12.6％；6 月中旬—10 月中旬为糖料蔗生育旺盛期，耗水量为 660.3mm，占年均耗水量的 62.9％；10 月下旬—12 月成熟期耗水量为 176.8mm，占年均耗水量的 16.8%。从多年变化趋势来看，1957—2014 年糖料蔗年均耗水量的变化趋势与参考作物腾发量变化趋势一致，均呈减少趋势。

由表 2-3 及图 2-10 可见，龙州站为代表的桂西南蔗区，糖料蔗年均耗水量为 1012.2mm。3—4 月生育初期耗水量为 85.4mm，占年均耗水量的 8.4%；5 月及 6 月上旬生育发展期耗水量为 142.8mm，占年均耗水量的 14.1%；6 月中旬—10 月中旬为糖料蔗生育旺盛期，耗水量为 620.4mm，占年均耗水量的 61.3%；10 月下旬—12 月成熟期耗水量为 163.6mm，占年均耗水量的 16.2%。从多年变化趋势来看，1953—2014 年糖料蔗年均耗水量的变化趋势与参考作物腾发量变化趋势一致，均呈一定的波动，但总体呈现基本稳定略有上升趋势。

总体来看，广西糖料蔗生育期总耗水量为 1000~1200mm，生育初期耗水量占总耗水量的 7.7%~8.4%，生育旺盛期耗水量占总耗水量的 76.6%~79.2%，成熟期耗水量占总耗水量的 12.7%~15.5%，这与其他学者研究的结论基本一致。

2.2 糖料蔗灌溉需水规律研究

2.2.1 有效降雨量测算

降雨径流、深层渗漏和蔗叶对降雨的截留是蔗区降雨损耗的主要途径，由于深层渗漏与糖料蔗土壤涵养水资源的能力和糖料蔗实际耗水的情况有关，本书将在糖料蔗灌溉需水量中予以考虑，本节计算的蔗区有效降雨量是指蔗区降雨量扣除降雨径流量和蔗叶截留量，以下均简称有效降雨量。

2.2.1.1 蔗区降雨径流量计算

蔗区降雨径流量采用美国土壤保持局的径流曲线法（USDA-SCS）计算，计算公式见式（2-21）、式（2-22）：

$$R = \begin{cases} \dfrac{(P - 0.2S)^2}{P + 0.8S}, & P \geqslant 0.2S \\ 0, & P < 0.2S \end{cases} \qquad (2-21)$$

$$S = 254 \times (100 - C_n)/C_n \qquad (2-22)$$

式中　R——降雨径流量，mm；

　　　P——日降雨量，mm；

　　　S——表面水分保持力因子，mm；

　　　C_n——土壤径流曲线值，直接查阅美国农业部土壤保持局
　　　　　的手册，结合蔗区土壤及植被覆盖情况：桂南蔗区
　　　　　与桂西南蔗区以黏土、黏壤土为主，取80；桂中蔗
　　　　　区以壤土、粉砂壤土为主，取72；桂南沿海蔗区以
　　　　　壤质砂土、砂质壤土为主，取60。

2.2.1.2　蔗叶截留量计算

　　糖料蔗不同生育期蔗叶的叶面面积不同，冠层对降雨的截留
量也不同。根据已有的研究成果，糖料蔗伸长期和成熟期蔗叶对
降雨的截留作用明显，穿透雨占总降雨量的比例仅有50%～
60%，但是冠层截留的雨量又顺着蔗茎回流到蔗田中，进行再分
配，实际由于蔗叶截留的雨量所占的比例较小，见表2-4。

表2-4　　　　　糖料蔗对降雨再分配影响情况统计表

生育期	叶面积指数	穿透雨占总降雨量的比例/%	茎秆截流占总降雨量的比例/%	冠层截留占总降雨量的比例/%
幼苗期	0.72	94.7	5.1	0.3
分蘖期	1.69	83.9	15.1	1.0
伸长期	3.25	63.2	34.4	2.4
成熟期	4.06	49.4	47.3	3.4

　　由于萌芽期糖料蔗对降雨的影响基本可忽略，本书主要参照
以上研究成果提出的冠层截留占总降雨量的比例计算糖料蔗不同
生育期冠层截留雨量。

2.2.1.3　蔗区有效降雨量

　　根据南宁站、北海站、来宾站、龙州站自1952—2014年逐日

降雨量数据（部分年份数据缺失），扣除降雨径流量和蔗叶截留量，得出不同区域蔗区的有效降雨量，详见表2-5及图2-11～图2-14。

由表2-5及图2-11可见，南宁站为代表的桂南蔗区，年均有效降雨量为1052.2mm，扣除1月、2月的月均有效降雨量74.2mm，则自3月初糖料蔗萌芽到12月底收获，年均有效降雨量为978.0mm，略少于表2-3提出的该区域糖料蔗年均耗水量1038.4mm。从变化趋势来看，近年来该区域有效降雨的总量呈明显下降趋势。

由表2-5及图2-12可见，北海站为代表的桂南沿海蔗区，年均有效降雨量为1512.9mm，扣除1月、2月的月均有效降雨量68.6mm，则自3月初糖料蔗萌芽到12月底收获，年均有效降雨量为1444.3mm，高于表2-3提出的该区域糖料蔗年均耗水量1191.9mm。从变化趋势来看，近年来该区域有效降雨的总量呈上升趋势。

由表2-5及图2-13可见，来宾站为代表的桂中蔗区，年均有效降雨量为1195.6mm，扣除1月、2月的月均有效降雨量90.2mm，则自3月初糖料蔗萌芽到12月底收获，年均有效降雨量为1105.4mm，略高于表2-3提出的该区域糖料蔗年均耗水量1050.3mm。从变化趋势来看，近年来该区域有效降雨的总量呈下降趋势。

由表2-5及图2-14可见，龙州站为代表的桂西南蔗区，年均有效降雨量为1066.6mm，扣除1月、2月的月均有效降雨量57.1mm，则自3月初糖料蔗萌芽到12月底收获，年均有效降雨量为1009.5mm，基本持平表2-3提出的该区域糖料蔗年均耗水量1012.2mm。从变化趋势来看，近年来该区域有效降雨的总量呈明显下降趋势。

总体来看，除桂南沿海蔗区外，桂南蔗区、桂中蔗区、桂西南蔗区糖料蔗生育期内的有效降雨量与年均耗水量基本接近。但广西蔗区降雨时空分配不均，大雨、暴雨的比重较大，由于蔗田土壤的水分调蓄能力有限，降雨量较多时会导致深层渗漏，水分利用效率降低，连续多天不降雨时，随着糖料蔗生长发育的消耗，可有效利用的土壤水分不足，影响糖料蔗的生长发育。对于桂南沿海蔗区，虽然总降雨量较大，但该区域的土壤以壤质砂土、砂质壤土为主，土壤保水性较差，土壤水分调蓄能力也较差，降雨量较多时深层渗漏更明显，连续不降雨时，对干旱威胁也更敏感。因此，下节将在选取典型年份，在得出该年份有效降雨的基础上，结合蔗区土壤水分的调蓄情况，研究糖料蔗的灌溉需水规律。

表 2-5　　　4 个气象站月均、年均有效降雨量统计表　　单位：mm

代表站	月均有效降雨量												年均有效降雨量
	1 月	2 月	3 月	4 月	5 月	6 月	7 月	8 月	9 月	10 月	11 月	12 月	
南宁站	35.19	38.96	53.33	78.93	144.71	168.89	165.96	155.85	98.90	51.60	36.33	23.60	1052.2
北海站	30.67	37.92	57.00	81.82	124.77	244.30	282.98	344.88	181.82	67.92	35.22	23.64	1512.9
来宾站	41.40	48.80	67.55	105.79	189.25	216.07	170.90	155.34	70.99	54.14	44.29	31.11	1195.6
龙州站	27.86	29.22	46.38	78.45	138.20	177.23	169.28	182.05	103.36	60.86	32.44	21.30	1066.6

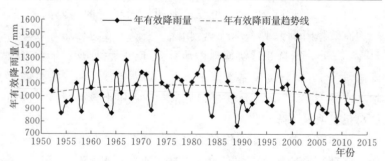

图 2-11　桂南蔗区 1952—2014 年有效降雨量情况统计

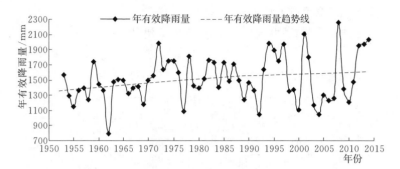

图 2-12 桂南沿海蔗区 1953—2014 年有效降雨量情况统计

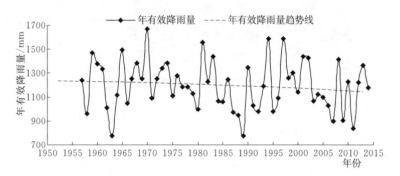

图 2-13 桂中蔗区 1957—2014 年有效降雨量情况统计

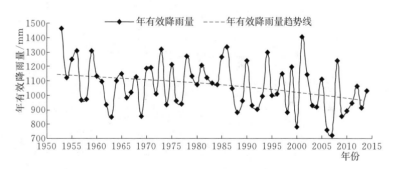

图 2-14 桂西南蔗区 1953—2014 年有效降雨量情况统计

2.2.2　典型年份的选取

根据南宁站、北海站、来宾站、龙州站自 1952—2014 年逐年有效降雨量，采用 P-Ⅲ型频率曲线进行配线，结果见图 2-15～图 2-18，得到桂南、桂南沿海、桂中、桂西南蔗区丰水年

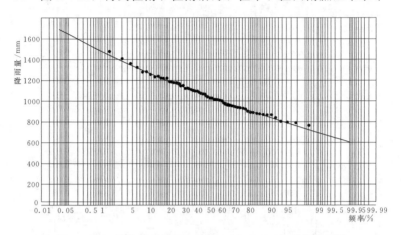

图 2-15　桂南蔗区（南宁站）1952—2014 年有效降雨量
P-Ⅲ型频率曲线配线图

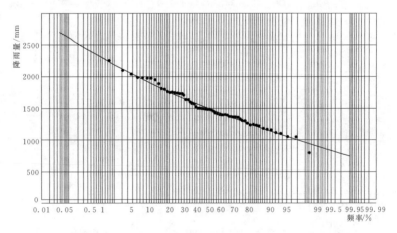

图 2-16　桂南沿海蔗区（北海站）1953—2014 年有效降雨量
P-Ⅲ型频率曲线配线图

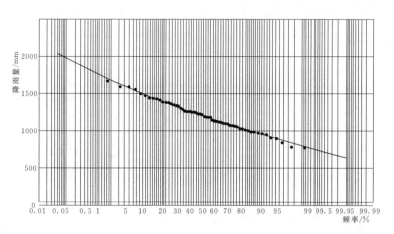

图 2-17　桂中蔗区（来宾站）1957—2014 年有效降雨量
P-Ⅲ型频率曲线配线图

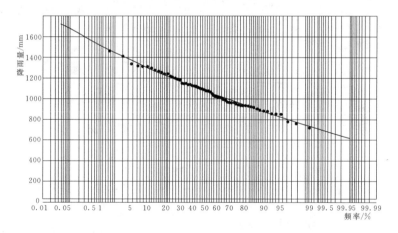

图 2-18　桂西南蔗区（龙州站）1953—2014 年有效降雨量
P-Ⅲ型频率曲线配线图

（$P=25\%$）、平水年（$P=50\%$）、枯水年（$P=85\%$）条件下的
年有效降雨量值，即灌溉保证率分别为 25%、50%、85% 时对
应的计算雨量值。

　　选择实际雨量最接近计算雨量的年份作为该灌溉保证率下的

典型年份，但为避免个别年份降雨分布对计算结果的影响，同一灌溉保证率下选取3个降雨量相近的年份作为典型年份，结果见表2-6。

表2-6　　　　　　　　不同灌溉保证率条件下的典型年份

代表站	灌 溉 保 证 率								
	25%			50%			85%		
	计算雨量/mm	典型年	实际雨量/mm	计算雨量/mm	典型年	实际雨量/mm	计算雨量/mm	典型年	实际雨量/mm
南宁站	1160	1971	1165.8	1040	2003	1043.0	874	2007	868.6
		1981	1175.2		1998	1068.7		1972	884.8
		1977	1146.1		1952	1037.6		1958	874.4
北海站	1700	1987	1706.9	1490	1988	1490.0	1195	2010	1210.8
		1959	1738.6		1981	1516.9		1958	1236.8
		1993	1636.3		1963	1474.9		1969	1175.2
来宾站	1340	2013	1363.2	1190	2014	1177.8	977	1987	971.9
		1973	1342.2		2012	1219.3		1992	978.6
		1961	1332.2		1977	1185.4		1958	962.9
龙州站	1180	1970	1183.4	1060	2012	1064.6	892	2009	854.2
		1979	1133.4		1983	1086.1		1992	901.8
		1997	1146.5		2014	1031.4		1969	857.1

2.2.3　糖料蔗灌溉需水规律

2.2.3.1　蔗田水量平衡分析模型

水量平衡是指水循环过程中，对于任一区域和时段内，输出的水量与输入的水量之差等于该区域内蓄水量的变化，见式（2-23）：

$$I - O = W_2 - W_1 = \Delta W \qquad (2-23)$$

式中　　I——时段内输入的水量，mm；

O——时段内输出的水量，mm；

W_1、W_2——时段初、时段末区域内的蓄水量，mm；

ΔW——时段内蓄水量的变化，正值表示蓄水量增加，反之减少，mm。

对于蔗田，大气中的水汽凝结形成降雨，补给蔗田耕作土壤水分和深层地下水，降雨不足时，需通过灌溉进行补充（由于坡耕地蔗区地下水埋深较深，不考虑深层地下水对蔗田耕作层的补给），耕作土层中的水分通过糖料蔗根系吸水并在植株体内传输，部分被植株体吸收，其他的经植株蒸腾和株间蒸发扩散至大气中，形成水循环，当降雨量较大时，超过耕作层土壤持水能力时，多余水量通过地下水渗漏，则蔗田水量平衡模型见式（2-24）：

$$W_{n+1} = W_n + P_n + I_n - D_n - E_{an} - R_n - P_{int}$$
$$= W_n + P_{wn} + I_n - D_n - E_{an} \tag{2-24}$$

式中　　W_n、W_{n+1}——时段初、时段内蔗田土壤含水量，mm；

P_n——时段内的降雨量，mm；

I_n——时段内的灌溉水量，mm；

D_n——时段内的地下水渗漏量，mm；

E_{an}——时段内蔗田腾发量，mm；

R_n——时段内的地表径流量，mm；

P_{int}——糖料蔗冠层截留量，mm；

P_{wn}——扣除地表径流和糖料蔗冠层截留量后的有效降雨量，mm。

2.2.3.2　蔗区典型年份灌溉频次及灌水量计算

蔗区典型年份灌溉频次和灌水量采用水量平衡计算方法，见式（2-24），以日为时段求解，计算过程见图2-19，计算步骤如下：

（1）采用 Penman-Monteith 公式计算糖料蔗生育期内（由于12月属糖料蔗积糖期，一般不灌溉，计算周期取3月1日—11月30日）第 n 日耗水量，即 E_{an}。

（2）根据气象站观测的日降雨量扣除降雨径流量和蔗叶截留量得到第 n 日有效降雨量，即 P_{wn}。

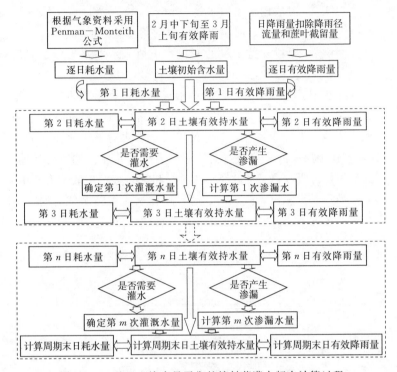

图 2-19　基于土壤水量平衡的糖料蔗灌水频次计算过程

（3）确定蔗田土壤初始含水量。糖料蔗一般 3 月初开始萌芽期，当 2 月中下旬—3 月上旬有效降雨量少于 20mm 时，应在 3 月初进行一次促芽保苗的灌溉，3 月 1 日土壤初始含水率为灌溉后的田间持水量。当 2 月中下旬—3 月上旬有效降雨量较大时，能满足发芽出苗用水需求，则 3 月 1 日土壤初始含水率为适宜田间持水量上限，即 W_1。

（4）根据土壤土层持水能力及灌排界限，确定糖料蔗不同生育期的每次灌水的时间、灌水量和地下渗漏量。为了便于分析，将"土壤持水量扣除墒情速变层最小含水量的值"称为土壤有效持水量，将"墒情速变层最大有效持水量加上墒情缓变层最大补水量的值"称为土壤最大有效持水量。通过初始含水量、逐日耗水量、逐日有效降雨量，计算逐日土壤有效持水量，直至计算周期末日。

当土壤有效持水量小于0时，需要进行灌溉。由于灌溉主要补充蔗田墒情速变层的水分，不同土壤类型、不同生育期灌溉土层深度、灌溉水量应不同。糖料蔗萌芽期、幼苗期、分蘖期根系较浅，灌溉土层深度宜为30cm，糖料蔗伸长期、成熟期，灌溉土层深度宜为50cm。桂南、桂中、桂西南土壤以黏土、壤土为主，保水性强、透气性差，单次灌水量上限为田间持水量的95%。桂南沿海以砂壤土为主，保水性差、透气性强，单次灌水量上限为田间持水量。实际灌溉过程中，一般单次灌溉水量分为生育初期（幼苗期、萌芽期、分蘖期）、生育旺盛期（伸长期、成熟期）。根据以上原则，确定单次灌水量（见表2-7），即 I_n。

表 2-7　　　　　　糖料蔗不同生育期单次灌水量

生育期	灌水深度/cm	含水率下限	桂南蔗区		桂南沿海蔗区		桂中蔗区		桂西南蔗区	
			含水率上限	灌水量/mm	含水率上限	灌水量/mm	含水率上限	灌水量/mm	含水率上限	灌水量/mm
幼苗期	30	田间持水量65%	田间持水量95%	37.58	田间持水量	31.55	田间持水量95%	31.68	田间持水量95%	38.48
萌芽期	30	田间持水量65%	田间持水量95%	37.58	田间持水量	31.55	田间持水量95%	31.68	田间持水量95%	38.48
分蘖期	30	田间持水量65%	田间持水量95%	37.58	田间持水量	31.55	田间持水量95%	31.68	田间持水量95%	38.48
伸长期	50	田间持水量70%	田间持水量95%	52.19	田间持水量	45.08	田间持水量95%	44.00	田间持水量95%	53.44
成熟期	50	田间持水量60%	田间持水量85%	52.19	田间持水量90%	45.08	田间持水量85%	44.00	田间持水量85%	53.44

当土壤有效持水量超过土壤最大有效持水量（见表 2 - 8）时，多余的水量向地下渗漏，即 D_n。

表 2 - 8　　　　糖料蔗不同生育期土壤最大有效持水量　　单位：mm

生育期	桂南蔗区土壤最大有效持水量	桂南沿海蔗区土壤最大有效持水量	桂中蔗区土壤最大有效持水量	桂西南蔗区土壤最有效大持水量
幼苗期	43.84	31.55	36.96	44.89
萌芽期	43.84	31.55	36.96	44.89
分蘖期	50.10	36.06	42.24	51.30
伸长期	87.63	70.08	77.80	89.13
成熟期	108.50	85.10	95.40	110.50

以桂南蔗区 1958 年为例，采用水量平衡计算方法确定糖料蔗不同生育期的每次灌水的时间及灌水总量，具体过程如下：

（1）采用 Penman - Monteith 公式计算糖料蔗生育期内逐日耗水量 E_{an}，见图 2 - 20。

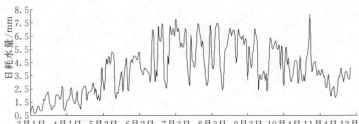

图 2 - 20　基于 Penman - Monteith 公式计算的糖料蔗生育期内逐日耗水量

（2）根据气象站观测的日降雨量扣除降雨径流量和蔗叶截留量得到逐日有效降雨量 P_{un}，见图 2 - 21。

（3）确定蔗田土壤初始含水量，该年度 2 月 16 日—3 月 10 日有效降雨量为 44.24mm，雨水充足，3 月 1 日土壤初始含水率为田间持水量的 95%，即：$W_1 = 41.65$mm。

（4）计算逐日土壤有效持水量，确定糖料蔗不同生育期的每

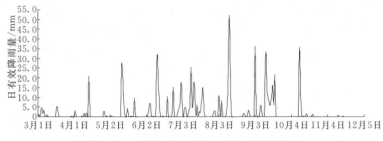

图 2-21 糖料蔗生育期内逐日有效降雨量

次灌水的时间、灌水量和地下渗漏量。根据土壤初始含水量、逐日耗水量、逐日有效降雨量，计算得出逐日土壤有效持水量，见图 2-22。当逐日土壤有效持水量小于 0 时，进行灌溉，灌溉时间及累计灌溉水量见图 2-23。当逐日土壤有效持水量大于土壤最大有效持水量，多余水量向地下渗漏，渗漏时间及累计渗漏水量见图 2-24。

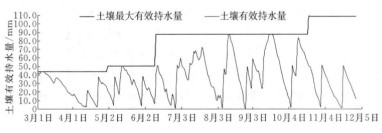

图 2-22 糖料蔗生育期内逐日土壤有效持水量

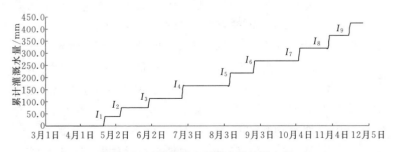

图 2-23 糖料蔗生育期内累计灌水量

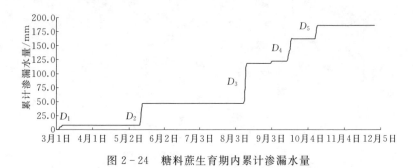

图 2-24　糖料蔗生育期内累计渗漏水量

根据上述计算方法和步骤，分布计算桂南蔗区、桂南沿海蔗区、桂中蔗区、桂西南蔗区丰水年（$P=25\%$）、平水年（$P=50\%$）、枯水年（$P=85\%$）选取典型年的灌溉频次和灌水量，计算结果见表 2-10～表 2-13。

桂南蔗区枯水年（$P=85\%$）年灌溉 7～9 次，年灌水量 336.11～425.88mm，占糖料蔗年均耗水量的 32.4%～41.0%。整个生育期中：萌芽期、幼苗期灌水 1 次，灌水量 37.58mm，占糖料蔗该生育期平均耗水量的 44.7%；分蘖期灌水 1～2 次，灌水量 37.58～75.16mm，占糖料蔗该生育期平均耗水量的 26.7%～53.4%；伸长期灌水 3～5 次，灌水量 156.57～260.95mm，占糖料蔗该生育期平均耗水量的 24.4%～40.7%；成熟期灌水 0～2 次，灌水量 0～104.38mm，占糖料蔗该生育期平均耗水量的 0～60.7%。

桂南蔗区平水年（$P=50\%$）年灌溉 6～7 次，年灌水量 298.53～365.33mm，占糖料蔗年均耗水量的 28.7%～35.2%。整个生育期中：萌芽期、幼苗期灌水 0～1 次，灌水量 0～37.58mm，占糖料蔗该生育期平均耗水量的 0～44.7%；分蘖期灌水 0 次，灌水量 0mm，糖料蔗该生育期需水基本靠雨水给予；伸长期灌水 3～5 次，灌水量 156.57～260.95mm，占糖料蔗该生育期平均耗水量的 24.4～40.7%；成熟期灌水 1～3 次，灌水量 52.19～156.57mm，占糖料蔗该生育期平均耗水量的 30.3%～91.0%。

桂南蔗区丰水年（$P=25\%$）年灌溉 5～6 次，年灌水量 246.34～298.53mm，占糖料蔗年均耗水量的 23.7%～28.7%。整个生育期中：萌芽期、幼苗期灌水 0～1 次，灌水量 0～37.58mm，占糖料蔗该生育期平均耗水量的 0～44.7%；分蘖期灌水 0～1 次，灌水量 0～37.58mm，占糖料蔗该生育期平均耗水量的 0～26.7%；伸长期灌水 3～4 次，灌水量 156.57～208.76mm，占糖料蔗该生育期平均耗水量的 24.4%～32.5%；成熟期灌水 1 次，灌水量 52.19mm，占糖料蔗该生育期平均耗水量的 30.3%。

总体而言，桂南蔗区糖料蔗生育期耗水量为 1038.4mm，略高于生育期内有效降雨量 978.1mm，但如图 2-25 所示，由于桂南蔗区在糖料蔗萌芽期、幼苗期和分蘖期的有效降雨量比糖料蔗耗水量高，但根系层较浅，土层储水调蓄能力弱，需要适量的灌溉补水。伸长期和成熟期有效降雨量比糖料蔗耗水量低，更需要灌溉补水。因此，桂南蔗区总灌水量一般不超过糖料蔗生育期总耗水量的 2/5，灌溉主要集中在伸长期和成熟期，但同时也要注重在枯水年（$P=85\%$）萌芽期、幼苗期和分蘖期的灌溉。

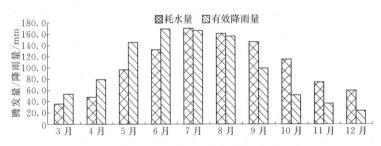

图 2-25　桂南蔗区有效降雨量与糖料蔗耗水量对比

桂南沿海蔗区枯水年（$P=85\%$）年灌溉 12～14 次，年灌水量 473.31～590.53mm，占糖料蔗年均耗水量的 39.7%～49.5%。整个生育期中：萌芽期、幼苗期灌水 1～2 次，灌水量 31.55～63.10mm，占糖料蔗该生育期平均耗水量的 33.6%～67.1%；分蘖期灌水 2～3 次，灌水量 63.10～94.65mm，占糖料蔗该生育期平均耗水量的 38.9%～58.4%；伸长期灌水 3～9 次，灌水量 135.24～405.72mm，占糖料蔗该生育期平均耗水量的 17.2%～51.7%；成熟期灌水 2～5 次，灌水量 90.16～180.32mm，占糖料蔗该生育期平均耗水量的 30.7%～61.3%。

桂南沿海蔗区平水年（$P=50\%$）年灌溉 9～10 次，年灌水量 338.07～396.68mm，占糖料蔗年均耗水量的 28.4%～33.3%。整个生育期中：萌芽期、幼苗期灌水 1～2 次，灌水量 31.55～63.10mm，占糖料蔗该生育期平均耗水量的 33.6%～67.1%；分蘖期灌水 2～4 次，灌水量 63.10～126.20mm，占糖料蔗该生育期平均耗水量的 38.9%～77.80%；伸长期灌水 3～4 次，灌水量 135.24～180.32mm，占糖料蔗该生育期平均耗水量的 17.2%～23.0%；成熟期灌水 1～2 次，灌水量 45.08～90.16mm，占糖料蔗该生育期平均耗水量的 15.3%～30.7%。

桂南沿海蔗区丰水年（$P=25\%$）年灌溉 6～8 次，年灌水量 256.95～333.58mm，占糖料蔗年均耗水量的 21.6%～28.0%。整个生育期中：萌芽期、幼苗期灌水 0～1 次，灌水量 0～31.55mm，占糖料蔗该生育期平均耗水量的 0～33.6%；分蘖期灌水 1 次，灌水量 31.55mm，占糖料蔗该生育期平均耗水量的 19.5%；伸长期灌水 2～5 次，灌水量 90.16～225.40mm，占糖料蔗该生育期平均耗水量的 11.5%～28.7%；成熟期灌水 1～3 次，灌水量 45.08～135.24mm，占糖料蔗该生育期平均耗水量的 15.3%～46.0%。

总体而言，桂南沿海蔗区糖料蔗生育期耗水量仅为 1191.9mm，明显低于生育期内有效降雨量 1444.4mm，但如图 2-26 所示，在糖料蔗萌芽期、幼苗期和分蘖期（5 月及以前）的有效降雨量与糖料蔗耗水量基本一致，但根系层浅，土壤储水调蓄能力较差，灌水的需求明显。伸长前、中期受台风雨的影响有效降雨量非常集中，但降雨分布极不均匀，单次降雨量大历时短，加之桂南沿海蔗区土壤储水调蓄能力较差，向地下渗漏的水量较多，有效降雨的总体利用效率不高，如桂南沿海蔗区 1958

年 6—9 月有效降雨量 897.12mm，其中向地下渗漏的水量为
614.62mm，实际利用的雨量仅 282.50mm，有效利用率仅
31.5%，需要灌溉补水。在伸长后期和成熟期（10 月及以后）
有效降雨量比糖料蔗耗水量低，灌溉的需求非常明显。因此，桂
南沿海蔗区总的灌水量一般不超过糖料蔗生育期总耗水量的1/2，
虽然降雨量大，但糖料蔗整个生育期内的灌溉需求量反而比其他
蔗区要高，而且整个生育期的灌溉需求都较明显，一般生育旺盛
期 7 天内无有效降雨就需要灌溉 1 次。

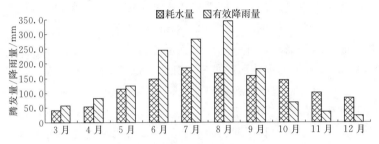

图 2-26　桂南沿海蔗区有效降雨量与糖料蔗耗水量对比

桂中蔗区枯水年（$P=85\%$）年灌溉 8～10 次，年灌水量
339.68～440.0mm，占糖料蔗年均耗水量的 32.3%～41.9%。
整个生育期中：萌芽期、幼苗期灌水 0～1 次，灌水量 0～
31.68mm，占糖料蔗该生育期平均耗水量的 0～39.3%；分蘖期
灌水 0～2 次，灌水量 0～63.36mm，占糖料蔗该生育期平均耗
水量的 0～47.2%；伸长期灌水 5～8 次，灌水量 220.00～
352.00mm，占糖料蔗该生育期平均耗水量的 33.4%～53.5%；
成熟期灌水 1～3 次，灌水量 44.00～132.00mm，占糖料蔗该生
育期平均耗水量的 24.8%～74.5%。

桂中蔗区平水年（$P=50\%$）年灌溉 6～8 次，年灌水量
251.68～339.68mm，占糖料蔗年均耗水量的 24.0%～32.3%。
整个生育期中：萌芽期、幼苗期灌水 0～1 次，灌水量 0～
31.68mm，占糖料蔗该生育期平均耗水量的 0～39.3%；分蘖期
灌水 0～1 次，灌水量 0～31.68mm，占糖料蔗该生育期平均耗

水量的 0～23.6％；伸长期灌水 5～6 次，灌水量 220.0～264.0mm，占糖料蔗该生育期平均耗水量的 33.4％～40.1％；成熟期灌水 0～1 次，灌水量 0～44.0mm，占糖料蔗该生育期平均耗水量的 0～24.8％。

桂中蔗区丰水年（$P=25\%$）年灌溉 5～6 次，年灌水量 207.68～264.0mm，占糖料蔗年均耗水量的 19.8％～25.1％。整个生育期中：萌芽期、幼苗期灌水 0～1 次，灌水量 0～31.68mm，占糖料蔗该生育期平均耗水量的 0～39.3％；分蘖期灌水 0 次，糖料蔗该生育期平均耗水基本依靠雨水给予；伸长期灌水 2～5 次，灌水量 88.0～220.0mm，占糖料蔗该生育期平均耗水量的 13.4％～33.4％；成熟期灌水 1～2 次，灌水量 44.0～88.0mm，占糖料蔗该生育期平均耗水量的 24.8％～49.6％。

总体而言，桂中蔗区糖料蔗生育期耗水量为 1050.3mm，略低于生育期内有效降雨量 1105.4mm，但如图 2-27 所示，由于桂中蔗区在糖料蔗萌芽期、幼苗期的有效降雨量比糖料蔗耗水量高，分蘖期和伸长初期有效降雨量比糖料蔗耗水量高更多，一般年份仅需少量的灌溉补水。伸长中、后期和成熟期有效降雨量比糖料蔗耗水量低，虽然土壤有一定的储水调蓄能力，但不能满足要求，需要灌溉补水。因此，桂中蔗区总的灌溉水量一般不超过糖料蔗生育期总耗水量的 2/5，灌溉也主要集中在伸长期和成熟期，萌芽期、幼苗期和分蘖期仅需少量的灌溉补水。

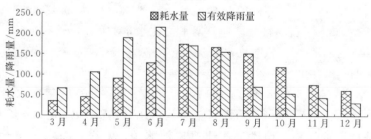

图 2-27　桂中蔗区有效降雨量与糖料蔗耗水量对比

桂西南蔗区枯水年（$P=85\%$）年灌溉 6～7 次，年灌水量

290.72～359.12mm，占糖料蔗年均耗水量的 28.7％～35.5％。整个生育期中：萌芽期、幼苗期灌水 1 次，灌水量 38.48mm，占糖料蔗该生育期平均耗水量的 45.1％；分蘖期灌水 0～1 次，灌水量 0～38.48mm，占糖料蔗该生育期平均耗水量的 0～26.8％；伸长期灌水 4 次，灌水量 213.76mm，占糖料蔗该生育期平均耗水量的 34.5％；成熟期灌水 0～2 次，灌水量 0～106.9mm，占糖料蔗该生育期平均耗水量的 0～65.1％。

桂西南蔗区平水年（$P=50\%$）年灌溉 4～6 次，年灌水量 183.84～290.72mm，占糖料蔗年均耗水量的 18.2％～28.7％。整个生育期中：萌芽期、幼苗期灌水 0～1 次，灌水量 0～38.48mm，占糖料蔗该生育期平均耗水量的 0～45.1％；分蘖期灌水 1 次，灌水量 38.48mm，占糖料蔗该生育期平均耗水量的 26.8％；伸长期灌水 2～4 次，灌水量 106.88～213.76mm，占糖料蔗该生育期平均耗水量的 17.3％～34.5％；成熟期灌水 0～1次，灌水量 0～53.44mm，占糖料蔗该生育期平均耗水量的 0～32.6％。

桂西南蔗区丰水年（$P=25\%$）年灌溉 3～4 次，年灌水量 160.32～213.76mm，占糖料蔗年均耗水量的 15.8％～21.1％。整个生育期中：萌芽期、幼苗期灌水 0～1 次，灌水量 0～38.48mm，占糖料蔗该生育期平均耗水量的 0～45.1％；分蘖期灌水 0 次，糖料蔗该生育期耗水量基本依靠降雨给予；伸长期灌水 1～2 次，灌水量 53.44～106.88mm，占糖料蔗该生育期平均耗水量的 8.6％～17.3％；成熟期灌水 1～2 次，灌水量 53.44～106.88mm，占糖料蔗该生育期平均耗水量的 32.6％～65.1％。

总体来看，桂西南蔗区糖料蔗生育期耗水量为 1012.2mm，与生育期内有效降雨量 1009.5mm 基本一致，但如图 2-28 所示，由于桂西南蔗区在糖料蔗萌芽期、幼苗期和分蘖期的有效降雨量比糖料蔗耗水量高，但根系层较浅，土层储水调蓄能力弱，需要少量的灌溉补水。伸长前、中期有效降雨量比糖料蔗耗水量略高，虽然土壤有一定的储水调蓄能力，但不能完全满足要求，需要适量的灌溉补水。伸长期后期和成熟期有效降雨量比糖料蔗耗水量低，更需要灌溉补水。桂西南蔗区总的灌水量一般不超过糖料蔗生育期总耗水量的 1/3，灌溉主要集中在伸长期和成熟期，但同时也要注重在枯水年（$P=85\%$）、平水年（$P=50\%$）萌芽期、幼苗期和分蘖期的灌溉。

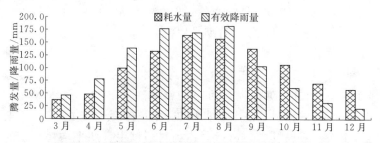

图 2-28　桂西南蔗区有效降雨量与糖料蔗耗水量对比

综上所述，广西不同区域的蔗区、不同降雨水平年所需的灌水频次及灌水量存在一定差异，但总体上，虽然广西降雨总量较大，但除个别丰水年外，大部分年份各蔗区对补充灌溉的需求均较明显。而且近几年试验测产情况也表明有效的补充灌溉能促进糖料蔗增产 50% 以上。因此，发展蔗区灌溉对糖料蔗生产具有重要意义，结合广西降雨情况分析蔗区灌水频次及灌水量对糖料蔗生产具有重要指导意义。

第3章

木薯需水量和生长模型

3.1　木薯需水量及灌溉需求指数

　　木薯是广西的主要经济作物之一，种植面积约 23.3 万 hm^2。广西木薯的种植面积和产量约占全国的 60% 以上，是我国木薯主产区，有着悠久的木薯种植历史，目前共有 83 个县（市、区）、近 800 万人种植木薯，木薯已成为当地农民增收和地方财政收入的重要来源。随着气候的变化，木薯的需水量也随之变化，研究利用降雨来提高农业水资源的高效利用是目前农业水利研究人员逐渐关注的重点之一。

　　目前，尽管部分学者对木薯需水规律和灌溉制度开展了研究，取得了一些成果。也有部分学者研究玉米、小麦和水稻等作物在气候变化背景下其需水量发生了显著变化。但对于木薯生育期内有效降雨量、需水量特征及变化趋势研究较少。

　　本书采用 1958—2015 年南宁站、北海站、玉林站、龙州站4 个气象站的气象资料以及 2014—2015 年木薯生育期的观测资料，研究木薯主产区内有效降雨量和木薯各生育期的需水量，为广西木薯生产提供技术支撑。

3.1.1 材料与方法

（1）数据来源。采用的数据：1958—2015 年南宁站、北海站、玉林站、龙州站的气象资料，含气温、日照时数、降雨量、风速、相对湿度等；2014—2015 年木薯生育期的观测资料。

（2）木薯种植分区。根据广西自然条件、木薯种植结构和需水特性，结合当地灌溉经验和试验资料分析计算，把广西主要木薯种植区分为桂中（含南宁市、来宾市、贵港市）、桂南（北海市、钦州市、防城港市）、桂西（崇左市、百色市、河池市）和桂东南（玉林市、梧州市）四个分区；其中，桂中区代表站为南宁站，桂南区代表站为北海站，桂西区代表站为龙州站，桂东南区代表站为玉林站。

（3）木薯生育期。木薯生育期分为苗期、块根形成期、块根膨大期和块根成熟期四个时期。根据广西木薯主产区的气象观测资料和木薯生育期观测资料，以木薯当家品种华南205为例，划定四个主产区的木薯平均生育期，见表3-1。

表3-1　　　　　　　　广西木薯主产区木薯全生育期划分

区域	桂中区	桂南区	桂西区	桂东南区
农业气象观测站	南宁站	北海站	龙州站	玉林站
下种	3月下旬	3月上旬	4月上旬	3月中旬
苗期	4月上旬	4月中旬	4月中旬	4月下旬
块根形成期	6月下旬	6月上旬	7月上旬	6月中旬
块根膨大期	10月中旬	9月下旬	10月下旬	10月上旬
块根成熟期	11月下旬	11月上旬	12月上旬	11月中旬

（4）有效降雨量。有效降雨量是指总降雨量扣除深层渗漏量、作物截留量和径流量，并保留在作物的根区，能被作物利用的水量。有效降雨量 P_e 可采用式（3-1）、式（3-2）进行计算：

$$P_e = \alpha P \qquad (3-1)$$

$$\alpha = \begin{cases} 0, P < 7\text{mm} \\ -0.00006P^2 + 0.00683P + 0.43337 + \dfrac{3.95328}{P}, \\ \qquad 7\text{mm} \leqslant P \leqslant 102\text{mm} \\ \dfrac{55.01}{P}, P > 102\text{mm} \end{cases} \qquad (3-2)$$

式中　P——计算时段降雨总量，mm；

　　　α——计算时段降雨有效利用系数。

（5）参考作物需水量。参考作物需水量采用 Penman - Monteith 公式计算，公式如下：

$$ET_0 = \frac{0.408\Delta(R_n - G) + \gamma \dfrac{900}{T_{\text{mean}} + 273} u_2(e_s - e_a)}{\Delta + \gamma(1 + 0.34u_2)}$$

$$(3-3)$$

式中　ET_0——参考作物的腾发量，mm/d；

　　　R_n——地表净辐射，MJ/(m² · d)；

　　　G——土壤热通量，MJ/(m² · d)；

　　T_{mean}——日平均气温，℃；

　　　u_2——2m 高处风速，m/s；

　　　e_s——饱和水气压，kPa；

　　　e_a——实际水气压，kPa；

　　　Δ——饱和水气压曲线斜率，kPa/℃；

　　　γ——干湿表常数，kPa/℃。

（6）木薯需水量。木薯需水量由维持木薯正常生长发育的蒸腾水量和颗间土壤蒸发水量组成。本书主要通过参考作物腾发量（ET_0）和木薯不同生育阶段的作物系数（K_c）计算木薯需水量，计算公式如下：

$$ET_c = K_c \times ET_0 \qquad (3-4)$$

式中　ET_c——木薯需水量；

K_c——木薯不同生育阶段的作物系数，根据联合国粮农组织出版的《FAO Irrigation and Drainage Paper No. 56：Crop Evapotranspiration》，结合本人开展的木薯灌溉试验，K_c 值在苗期、块根形成期、块根膨大期和块根成熟期分别取 0.3、0.5、1.0 和 0.5；

ET_0——参考作物腾发量。

（7）水分盈亏指数。木薯水分盈亏指数是指木薯生育期内有效降雨量与需水量的差值再与需水量的比值，可用式（3-5）进行计算：

$$I = \frac{P_e - ET_C}{ET_C} \qquad (3-5)$$

式中　I——水分盈亏指数。

（8）灌溉需求指数。灌溉需求指数是指需水量与有效降雨量的差值再除以需水量，反映作物对灌溉的依赖程度。灌溉需求指数 IDI 计算公式如下：

$$IDI = \begin{cases} 0, ET_C \leqslant P_e \\ \dfrac{ET_C - P_e}{ET_C}, ET_C > P_e \end{cases} \qquad (3-6)$$

3.1.2　结果与分析

3.1.2.1　木薯生育期有效降雨量的变化特征

1958—2015 年广西木薯主产区木薯生育期有效降雨量的变化图见图 3-1 和表 3-2。由图 3-1 和表 3-2 可见，广西木薯主产区木薯生育期有效降雨量为 603.33～694.09mm，平均值为 649.15mm，整体呈现东南高、西北低的分布特点。近 60 年来木薯全生育期有效降雨量的变化在 -57.77～85.48mm/10 年，平均值 -7.44mm/10 年。从有效降雨量趋势线可以看出，近 60 年来木薯全生育期有效降雨量呈现出逐步降低的趋势。1961—1970 年平均有效降雨量比上 10 年下降 39.35mm，2011—2015 年平均有效降雨量比上 10 年下降 57.77mm。

表 3-2　广西木薯生育期内有效降雨量统计表　单位：mm

分区	站点	年降雨量	生育期内降雨量	生育期内有效降雨量				
				生育期	苗期	块根形成期	块根膨大期	块根成熟期
桂南区	北海站	1706.88	1137.42	776.42	147.52	186.34	403.74	38.82
桂中区	南宁站	1291.68	852.57	586.63	99.73	164.26	310.91	11.73
桂东南区	玉林站	1481.23	985.34	673.33	80.80	188.53	350.13	53.87
桂西区	龙州站	1301.72	854.27	591.24	76.86	141.90	301.53	70.95
平均		1445.38	957.40	656.90	101.23	170.26	341.58	43.84

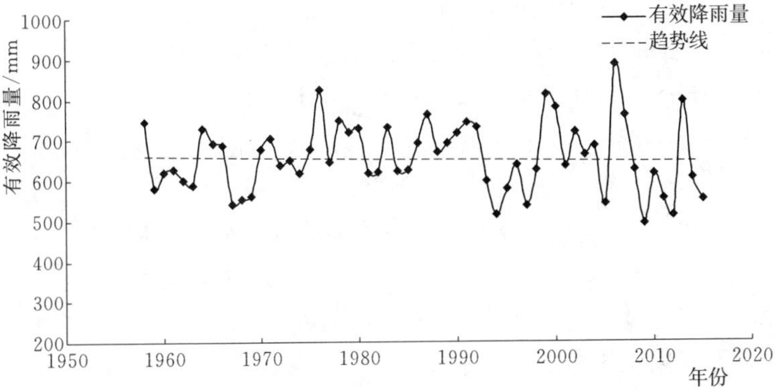

图 3-1　1958—2015 年广西木薯主产区有效降雨量的变化图

从生育期来分，广西木薯主产区有效降雨量在播种至苗期为 76.86～147.52mm，苗期至块根形成期为 141.90～186.34mm，块根形成期至块根膨大期为 301.53～403.74mm，块根膨大期至块根成熟期为 11.73～77.12mm，整体上也呈现东南高、西北低的分布特点，与全生育期的有效降雨分布特征相似。比较木薯各生育期的有效降雨量可知，块根形成期至块根膨大期的有效降雨量最大，占 52%；苗期至块根形成期次之，占 26%；播种至苗期、块根膨大期至块根成熟期较小。其原因主要是块根形成期、块根膨大期时间较长，且分布在雨季。

表 3-3   广西木薯生育期内各水平年有效降雨量统计表 单位：mm

分区	站点	均值	丰水年 （P=25%）	平水年 （P=50%）	枯水年 （P=75%）
桂南区	北海站	776.42	916.17	753.13	628.90
桂中区	南宁站	586.63	680.49	574.90	481.04
桂东南区	玉林站	673.33	801.26	646.40	538.66
桂西区	龙州站	591.24	703.57	567.59	472.99
平均		656.90	775.38	635.50	530.40

3.1.2.2 木薯需水量的变化特征

1958—2015 年广西木薯主产区木薯需水量时间变化见图 3-2。由图 3-2 可知，广西木薯主产区木薯生育期需水量为 740.57～789.94mm，平均值为 758.05mm，整体呈现东南高、西北低的分布特点。近 60 年来木薯全生育期需水量的变化在 -27.73～24.81mm/10 年，平均值为 -2.29mm/10 年。从需水量趋势线可以看出，近 60 年来木薯需水量呈现出逐步降低的趋势。

从生育期来分，广西木薯主产区需水量在播种至苗期为 84.13～111.90mm，苗期至块根形成期为 189.30～241.02mm，块根形成期至块根膨大期为 350.56～464.83mm，块根膨大期至块根成熟期为 14.42～77.12mm，整体上呈现东南高、西北低的分布特点，与全生育期的需水量分布特征相似。比较木薯各生育期的需水量可知，块根形成期至块根膨大期的有效降雨量最大，占 53%；苗期至块根形成期次之，占 27%；播种至苗期 14%；块根膨大期至块根成熟期较小，仅占 7%。

各主产区木薯需水量变化详见图 3-3。由图 3-3 可知，桂南区（北海站）木薯总需水量最大，桂东南区（玉林站）次之，桂中区（南宁站）第三，桂西区（龙州站）最小。总体而言，东南部靠近赤道，蒸发量大，木薯生长旺盛，光合作用强，需水量较大，越往北需水量就越小。从表 3-2 可知，除了块根膨大期至块根成熟期外，其他生育期大都呈现东南大、西北小的特点。

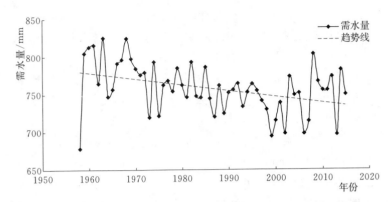

图 3 - 2 1958—2015 年广西木薯主产区木薯需水量时间变化图

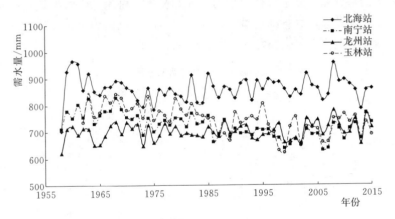

图 3 - 3 广西 4 个木薯主产区木薯需水量变化图

3.1.2.3 典型站点木薯水分亏缺指数的变化特征

通过分析北海站（桂南区）、南宁站（桂中区）、龙州站（桂西区）、玉林站（桂东南区）的数据，可以得到广西四个木薯主产区的有效降雨量、需水量和水分亏缺指数，见表 3 - 4。由表 3 - 4 可知，南宁站（桂中区）木薯水分亏缺度最为严重，龙州站（桂西区）、玉林站（桂东南区）次之，北海站（桂南区）水分亏缺度最轻，以上四个主产区木薯全生育期的水分亏缺量分别为 134.25mm、109.88mm、87.12mm 和 84.38mm，水分亏缺度分

别为 −0.19、−0.16、−0.11 和 0.10。

　　从各生育期来看,除了北海站(桂南区)木薯播种至苗期降雨量充足外,其他主产区的各生育期均出现不同程度的缺水,特别是苗期—块根形成期、块根形成期—块根膨大期缺水尤为严重。在块根形成期—块根膨大期,各站点水分亏缺量分别为 61.09mm、99.99mm、45.30mm 和 49.03mm,水分亏缺度分别为 −0.13、−0.24、−0.11 和 −0.14。在苗期—块根形成期,各站点水分亏缺量分别为 54.68mm、30.38mm、16.79mm 和 47.41mm,水分亏缺度分别为 −0.23、−0.16、−0.08 和 −0.25。其主要原因为:这个时期是木薯生长最旺盛的块根形成期和块根膨大期,需要较大的水分和养分来维持块根的形成和膨大,而此时广西木薯主产区正值秋季,尽管降雨量也较大,但多以台风雨为主,有效降雨较少,造成木薯生长发育产生缺水情况。

表 3−4　广西木薯主产区木薯全生育期及不同生育阶段的有效降雨量、需水量和水分亏缺指数

站点	指标	播种—苗期	苗期—块根形成期	块根形成期—块根膨大期	块根膨大期—块根成熟期	全生育期
北海站	有效降雨量/mm	147.52	186.34	403.74	38.82	776.42
	需水量/mm	111.90	241.02	464.83	43.04	860.80
	水分亏缺指数	0.32	−0.23	−0.13	−0.10	−0.10
南宁站	有效降雨量/mm	99.73	164.26	310.91	11.73	586.63
	需水量/mm	100.92	194.64	410.90	14.42	720.88
	水分亏缺指数	−0.01	−0.16	−0.24	−0.19	−0.19
玉林站	有效降雨量/mm	80.80	188.53	350.13	53.87	673.33
	需水量/mm	114.07	205.32	395.43	68.44	760.45
	水分亏缺指数	−0.29	−0.08	−0.11	−0.21	−0.11
龙州站	有效降雨量/mm	76.86	141.90	301.53	70.95	591.24
	需水量/mm	84.13	189.30	350.56	77.12	701.12
	水分亏缺指数	−0.09	−0.25	−0.14	−0.08	−0.16

3.1.2.4 木薯灌溉需求指数

不同水平年各木薯主产区各生育期木薯灌溉需求指数计算成果见表3-5。如表3-5所示，桂南区（北海站）、桂中区（南宁站）、桂东南区（玉林站）和桂西区（龙州站）的多年平均全生育期灌溉需求指数分别是0.10、0.19、0.11和0.16，丰水年全生育期灌溉需求指数都是0，平水年全生育期灌溉需求指数分别是0.13、0.20、0.15和0.18，枯水年全生育期灌溉需求指数分别是0.36、0.42、0.37和0.42，整体呈现西北大、东南小的趋势。广西木薯主产区除丰水年（$P=25\%$）全生育期灌溉需求指数为0，即不需要灌溉外，其他水平年均为正值，意味着生育期有效降雨量不足维持木薯生长发育。具体到生育期，灌溉需求指数较大的是块根形成期和块根膨大期，如桂南区（北海站）丰水年、平水年和枯水年的块根形成期灌溉需求指数分别是0.02、0.25和0.45，桂中区（南宁站）丰水年、平水年和枯水年的块根形成期灌溉需求指数分别是0、0.25和0.46，说明了块根形成期和块根膨大期需要补充灌溉，才能维持木薯块根的形成和膨大。

表3-5　　　不同水平年广西木薯灌溉需求指数计算表　　单位：mm

站点	水平年	苗期	块根形成期	块根膨大期	块根成熟期	全生育期
桂南区 （北海站）	多年平均	0	0.23	0.13	0.10	0.10
	丰水年	0	0.02	0	0	0
	平水年	0	0.25	0.16	0.13	0.13
	枯水年	0.06	0.45	0.38	0.36	0.36
桂中区 （南宁站）	多年平均	0.01	0.16	0.24	0.19	0.19
	丰水年	0	0	0	0	0
	平水年	0.02	0.17	0.25	0.20	0.20
	枯水年	0.29	0.39	0.46	0.42	0.42
桂东南区 （玉林站）	多年平均	0.29	0.08	0.11	0	0.11
	丰水年	0.09	0	0	0	0
	平水年	0.32	0.12	0.15	0	0.15
	枯水年	0.50	0.35	0.37	0.16	0.37

站点	水平年	苗期	块根形成期	块根膨大期	块根成熟期	全生育期
桂西区 （龙州站）	多年平均	0.09	0.25	0.14	0.08	0.16
	丰水年	0	0.02	0	0	0
	平水年	0.12	0.28	0.17	0.11	0.18
	枯水年	0.37	0.48	0.40	0.36	0.42

3.1.3　结语

（1）1958—2015 年，广西木薯主产区全生育期有效降雨量整体呈现东南高、西北低的分布特点，总体呈下降趋势，有效降雨量的变化为－57.77～85.48mm/10 年，平均值－7.44mm/10 年。

（2）1958—2015 年，广西木薯主产区全生育期需水量整体呈现东南高、西北低的分布特点，总体呈下降趋势，其变化在－27.73～24.81mm/10 年，平均值－2.29mm/10 年。除了块根膨大期至块根成熟期外，其他生育期大都呈现东南大、西北小的特点。

（3）除了桂南区（北海站）木薯播种至苗期降雨量充足外，其他主产区的各生育期均出现不同程度的缺水，特别是苗期—块根形成期、块根形成期—块根膨大期缺水尤为严重。缺水量和水分亏缺指数呈现东南小、西北大的分布特点。

（4）桂南区、桂东南区、桂中区和桂西区生育期内灌溉需求指数分别是 0、0.16 和 0.39，总体呈现东南小、西北大的趋势。

（5）尽管木薯是比较耐旱的作物，但由于年降雨量（有效降雨量）分配不均，导致木薯在各生育期均出现不同程度的缺水，特别是块根形成期、块根膨大期缺水尤为严重。

3.2　木薯生长模型

3.2.1　模型介绍

SWAP（Soil – Water – Atmosphere – Plant）是一款继

SWATR 及其各种变体的农业水文模型。早期版本含有 SWATR （Feddes 等，1978；Belmans 等，1983；Wesseling 等，1991）、SWACROP（Kabat 等，1992）、SWAP93（Van de Broek 等，1994）、Van Dam 等（1997）和 Kroes 等（2000）推出了 SWAP2.0。2003 年 Kroes 和 Van Dam 改进 SWAP2.0 形成了 SWAP3.0.3，目前 Kroes 和 Van Dam 等针对 SWAP3.0.3 在代码结构、数值稳定性、大孔隙流、降雨蒸发及实例验证的基础上做了较大修改，推出了 SWAP3.2 版本。

　　SWAP 用于计算在植物生长条件下包气带中水分、溶质及热的运动。垂直方向涵盖了地下水位线至植物顶层之间的区域，这区域以垂直运移为主，故 SWAP 是一个一维垂直模型；水平方向上，SWAP 重点考虑田间尺度各参量的变化。

　　SWAP 模型包含主输入文件、气象数据文件、植物生长文件和排水参数文件。利用 TTUTIL 函数库以 ASCII 格式阅读这些文件，同时文件输出以 ASCII 格式输出，简单方便。

　　SWAP 中，土壤水运动采用 Richards 方程，利用显式、后向、有限差分的方法计算；采用针对近饱和区域修改后的 Mualem - Van Genuchten 关系式描述土壤的传导度；土壤水分特性曲线中考虑干湿变化产生的滞后现象；下边界采用水头或通量或水头与通量之间的相关关系来控制。牛顿-辛普森迭代过程中保证质量守恒较快地收敛。

　　对于农田作物及草地，SWAP 采用 Von Hoyningen - Hune、Braden 的研究方法，而对于树木及森林则采用 Gash 的研究方法；采用 Penman - Monteith 方程计算潜在蒸腾量，对于作物也可采用提供参照作物蒸腾量的方法估计蒸发。考虑土地种植类型及植物截留，将潜在蒸腾及潜在蒸发分开，实际蒸腾量受根系区域的土壤水分及盐分控制，同时与根系密度密切相关；实际蒸发量主要受土壤输水到土壤表面能力的影响，SWAP 利用土壤水力传导度、半经验公式来描述土壤输水能力。

　　当地表积水超过深度阈值时开始产生地表径流，地表径流速度与地表阻力参数有关，同时在农田排水时，当地下水位高于排水沟中水位时将产生向排水沟中的地下基流。SWAP 采用 Hooghoudt/Ernst 方程计算农田排水，利用水量平衡原理可以分析农田水储量，通过设置堰等设施来控制农田含水量。

因土壤变干收缩、植物根系、土内动物、农业耕种等引起的土壤大孔隙在 SWAP 中被考虑，涉及地表水向大孔隙下渗、因大孔隙造成水在土中快速向深层传递、孔隙水的侧流、大孔隙储水及大孔隙水快速排泄等多个方面。大孔隙分连通与分隔两类，各自具有不同的特性。

SWAP 考虑作物生长所产生的影响，建立植物模块，通过叶面光合特性及水/盐状况计算碳水化合物生成量。为了更加细致地描述植物，根据植物的生长阶段，将植物的根系、叶子、茎秆、有机物储存量等分开。

SWAP 考虑对流、弥散、分散、根系吸收、吸附及解析等作用对盐分、农药及其他溶质的影响，利用解析的方法计算土壤温度剖面，同时考虑大气温度的变化计算雪的积累及融化。

通过上述计算模拟，根据农田土壤水储量及作物生长需求可以指导农业灌溉并进行产量预估。

3.2.1.1　水分运动

（1）采用由达西定律和质量守恒定律推导得到的 Richards 方程描述 SWAP 模型中一维饱和-非饱和土壤水运动。

达西定律：
$$q = -K(h)\frac{\partial(h+z)}{\partial z} \tag{3-7}$$

质量守恒定律：
$$\frac{\partial\theta}{\partial t} = -\frac{\partial q}{\partial z} - S_a(h) - S_d(h) - S_m(h) \tag{3-8}$$

Richards 方程：

$$\frac{\partial\theta}{\partial t} = -\frac{\partial\left[K(h)\left(\frac{\partial h}{\partial z}+1\right)\right]}{\partial z} - S_a(h) - S_d(h) - S_m(h)$$

$$\tag{3-9}$$

式中　　q——水流通量，cm/d；

　　$K(h)$——水力传导度，cm/d；

　　　　h——压力水头，cm；

　　　　z——垂向位置，cm，以向上为正方向；

　　　　θ——土壤体积含水率，cm^3/cm^{-3}；

　　　　t——时间，d；

　　$S_a(h)$——植被根系吸水速率，$cm^3/(cm^3 \cdot d)$；

　　$S_d(h)$——排水速率，$cm^3/(cm^3 \cdot d)$；

　　$S_m(h)$——大孔隙交换量，$cm^3/(cm^3 \cdot d)$。

（2）土壤本构关系采用经修改后的 Mualem - Van Genuchten 模型。Van Genuchten（1980）年提出含水率、压力水头及非饱和水力传导度之间的关系：

$$\theta = \theta_{res} + (\theta_{sat} - \theta_{res})(1 + |\alpha h|^n)^{-m} \quad (3-10)$$

$$m = 1 - \frac{1}{n} \quad (3-11)$$

$$K = K_{sat}S_e^{\lambda}\left[1 - (1 - S_e^{\frac{1}{m}})^m\right]^2 \quad (3-12)$$

$$S_e = \frac{\theta - \theta_{res}}{\theta_{sat} - \theta_{res}} \quad (3-13)$$

$$C = \frac{\partial \theta}{\partial h} = \alpha mn |\alpha h|^{n-1}(\theta_{sat} - \theta_{res})(1 + |\alpha h|^n)^{-(m+1)}$$

$$(3-14)$$

式中　　θ_{res}——残余含水量，cm^3/cm^3；

　　θ_{sat}——饱和含水量，cm^3/cm^3；

　　K_{sat}——饱和水力传导度，cm/d；

α、m、n——经验拟合形状参数；

　　　S_e——相对含水量；

　　　λ——与 $\partial K/\partial h$ 有关的参数；

　　　C——土壤容水度，cm^{-1}。

在 SWAP 模型中，采用经 Vogel（2001）、Ippisch（2006）修改后的 Mualem - Van Genuchten 模型，引入最小毛细上升高

度 h_e :

$$S_e = \begin{cases} \dfrac{1}{S_c}(1 + |\alpha h|^n), & h < h_e \\ 1, & h \geqslant h_e \end{cases} \tag{3-15}$$

$$S_c = (1 + |\alpha h_e|^n)^{-m} \tag{3-16}$$

$$K = \begin{cases} K_{sat} S_e^{\lambda} \left\{ \dfrac{1 - [1 - (S_e S_c)^{\frac{1}{m}}]^m}{1 - (1 - S_c^{1/m})^m} \right\}^2, & S_e < 1 \\ K_{sat}, & S_e \geqslant 1 \end{cases} \tag{3-17}$$

由式（3-10）～式（3-17）可知，模型中 θ_{res}、θ_{sat}、K_{sat}、α、n、λ 为 6 各未知参数，在模型运行时需要给定。

SWAP 模型中可以选择是否考虑土壤水分特性曲线上的滞后效应，可以通过设置土壤水分特性曲线上干、湿边参数解决：

干边：$\quad \theta_{sat}^* = \theta_{res} + (\theta_{sat} - \theta_{res}) \dfrac{\theta_{act} - \theta_{res}}{\theta_{md} - \theta_{res}} \tag{3-18}$

湿边：$\quad \theta_{res}^* = \theta_{sat} - (\theta_{sat} - \theta_{res}) \dfrac{\theta_{sat} - \theta_{act}}{\theta_{sat} - \theta_{mv}} \tag{3-19}$

式中　θ_{act}——实际含水量（对应压力水头为 h_{act}）；

θ_{md}、θ_{mv}—— h_{act} 对应干、湿边上的含水量。

通过 θ_{sat}^*、θ_{res}^* 及 K_{sat}、α、n、λ 等参数即可解决滞后问题。冻土地区通过改变水力传导度求解水分运动问题：

$$K^* = K_{min} + (K - K_{min}) \max \left[0, \min \left(1, \dfrac{T - T_2}{T_1 - T_2} \right) \right] \tag{3-20}$$

式中　K^*——调整后的水力传导度，cm/d；

T——土壤温度，℃；

T_1、T_2——线性条件上下限阈值，℃；

K_{min}——当温度在 T_2 之下时的制定最小水力传导度，cm/d。

h、θ、K 之间的关系一般用非线性的曲线来描述，对于特定的土壤，当其中一项确定时，其他两项可以被确定。但在数值计算中，必须有一个主变量，其他变量通过主变量计算得到。常见的方程变换有水头主变量方程、含水量主变量方程。水头主变量方程在矩阵中只用 h 作为变量，含水量作为后处理输出，在整个计算过程中都不需要，此方法有严重的质量误差，很少有模型采用。Celia（1990）等改进该算法，在离散数值模型中，分别出现了水头变量和含水量变量，可以有效地计算饱和-非饱和带中的达西流速。SWAP3.2采用此方法，利用隐式、后向、有限差分的方式求解。

（3）定解条件。

1）初始条件。初始条件设置简单，在程序输入中，利用流体静力学公式，根据提供的初始地下水位线性插值到每个节点。初始条件已知后，通过实践离散，不断更新变量，完成非稳定水流运动计算过程。

2）上边界条件。上边界条件可分为第一类边界、第二类边界、第三类边界及大气边界，随时间变化各类边界还可能相互转化。

a. 第一类边界。当地表处于湿润状态的入渗且地表处的含水量及相应的基质势位置不变，或供水强度大于土壤入渗能力而产生积水，且积水深度已知时，或因地表蒸发已使地表土壤处于风干状态，均可近似为地表基质势水头已知的第一类边界，也称 Dirichlet 边界，可表示为

$$h(z,t) = h_0 \qquad z = 0, t > 0 \qquad (3-21)$$

b. 第二类边界。当地表处于入渗状态，但供水强度 $R(t)$ 小于土壤的入渗能力，或地表处于蒸发状态，蒸发强度为 $E_s(t)$ 时，均为第二类边界，也称 Neumannb 边界，表示为

$$-K(h)\frac{\partial h}{\partial z} + K(h) = R(t) \qquad z = 0, t > 0 \quad (3-22)$$

c. 第三类边界。当地表处于蒸发状态，且地表蒸发强度近似为随地表基质势水头的降低呈现线性减少时，此时为第三类边界，可表示为

$$K(h) \frac{\partial h}{\partial z} - K(h) = ah + b \qquad z = 0, t > 0 \qquad (3-23)$$

d. 大气边界。大气边界是实际中最重要的上边界条件，但它不是一种典型的数值模拟边界，而是根据不同的水分条件，在不同边界条件之间转化。它可以在土壤表面累计水层，但有水层时，是一种三类混合边界；当没有水层但土壤相对湿润时，是一种定流量边界，大气流量为降雨和蒸发的算术和；当土壤很干燥，无法满足大气蒸发需求时，为了防止表层含水量过低，设定一个临界值，当含水量或压力水头低于临界值时，定流量边界又变为定水头边界。这种边界条件由 Nuemann 首先提出，故称为 Nuemann 边界条件。SWAP 采用大气边界，数学表述为

$$\text{条件 (a)：} \qquad \left| -K \frac{\partial h}{\partial z} - K \right| \leqslant |E_p - P_p| \qquad (3-24)$$

$$\text{条件 (b)：} \qquad h_m > h > h_c \qquad (3-25)$$

当 h 不满足条件 (b) 时，即认为土壤太干（小于 h_c）或者存在水层（大于 h_m，一般设定 $h_m = 0$，但是如果模拟有田埂的水田等情况，可设置大于 0），此时需要进一步判断。

如果是土壤太干，而此时的大气为蒸发条件 E_p，则判断条件 (a)，即是否能保证表层接点水头不变小而满足此潜在蒸发：如果满足则按定流量处理，如果不满足潜在蒸发则按定水头处理，由定水头算出的通量为 E_a，必然小于 E_p。当大气为降雨时，按通量边界处理即可。

如果是土壤太湿，而此时的大气为降雨条件 P_p，则将降雨直接加入到水层当中，水层作为第三类边界，既代表了土表的水分，又代表了第一个节点的水头。如果为蒸发条件，则判断蒸发是否会蒸干整个土层，如果蒸干，则又将边界转化成了定通量边界。

如果土壤处于中间状态，则首先判断大气条件是降雨还是蒸发。如果是降雨，则判断降雨是否会触发土壤积水，即破坏条件 (b)，转化为第三类边界，如果是则按第三类边界处理，否则按

第一类边界处理；如果是蒸发则判断蒸发是否会触发土壤过干，即破坏条件（b），转化为第二类边界，如果是则按第二类边界处理，否则按第一类边界处理。

这些判断在方程组迭代过程中不断进行，而大气边界也不断在第一类、第二类和第三类边界当中轮换，中间可能会产生径流（当水头超过 h_m，多余部分认为是径流排走）、实际蒸发（由第一类边界计算的 E_a）等水文过程。

经验表明，Nuemann 边界处理土壤过湿（径流等）是合理的，而设定临界水头，将第一类边界计算实际蒸发可能不够准确。可以用水文模型中的实际蒸发模块来代替该边界的转换，即用田间持水量和凋萎系数来计算 E_a。在大气边界中嵌入了考虑蒸发和蒸腾胁迫的模型，代替防止含水量过低的条件。

3）下边界条件。下边界条件包括定水头边界、定流量边界、自由排水边界等。

a. 定水头边界。下边界定水头边界和上边界定水头边界类似，也是第一类边界，可表示为

$$h(z,t) = h_0 \qquad z = L, \, t > 0 \tag{3-26}$$

式中　L——计算土层深度。

b. 定流量边界。下边界定流量边界一般指通量为零的第二类边界，可表示为

$$\frac{\partial h}{\partial z} \qquad z = L, \, t > 0 \tag{3-27}$$

c. 自由排水边界。自由排水边界常用于地下水埋深较深的区域。该边界的数学定义为

$$\left. \frac{\partial h}{\partial z} \right|_{z = z_L} = 0 \tag{3-28}$$

3.2.1.2　溶质运移预测模型

饱和-非饱和土壤中溶质运移方程用水动力弥散方程来描述。水动力弥散方程通常称对流弥散方程，根据土壤中溶质的运移是否以弥散为主或以对流为主，方程具有抛物型方程或双曲型方程

的性质。

（1）对流-弥散方程。根据质量守恒定理，土壤单元体内溶质的质量变化率应等于流入和流出该单元体溶质通量之差：

$$\frac{\partial(\theta c)}{\partial t} + \frac{\partial(\rho s)}{\partial t} = \frac{\partial}{\partial z}\left[\theta D\,\frac{\partial c}{\partial z}\right] - \frac{\partial(qc)}{\partial z} + R \qquad (3-29)$$

$$s = K_d C \qquad (3-30)$$

式中　　C——土壤溶液浓度；

　　　　D——饱和/非饱和水动力弥散系数；

　　　　s——吸附在土壤颗粒上的溶质浓度，采用等温吸附模式的形式；

　　　K_d——土壤对溶质的吸附系数；

　　　　R——各种源汇项之和；

　　　　q——土壤水的通量。

当不考虑源汇项和土壤吸附作用时，式（3-29）变为

$$\frac{\partial(\theta c)}{\partial t} = \frac{\partial}{\partial z}\left[\theta D\,\frac{\partial c}{\partial z}\right] - \frac{\partial(qc)}{\partial z} \qquad (3-31)$$

（2）对流弥散方程的定解条件。

1）初始条件。溶质浓度分布：

$$c = c(z) \qquad t = 0,\, 0 \leqslant z \leqslant L \qquad (3-32)$$

2）上边界条件。

a. 第一类边界条件。当边界上的浓度已知时，采用：

$$c = c(t) \qquad z = 0,\, t > 0 \qquad (3-33)$$

b. 第三类边界。当地表处于入渗状态，降雨或灌溉用水的溶质浓度 $C_R(t)$ 已知时为第三类边界。溶质运移通量为

$$J = -\theta D\,\frac{\partial c}{\partial z} + qc \qquad (3-34)$$

故

$$-\theta D\,\frac{\partial c}{\partial z} + qc = qc_R(t) \qquad z = 0,\, t > 0 \qquad (3-35)$$

当供水强度 $R(t)$ 小于入渗能力时，式（3-35）中地表处的水分运动通量 $q = q(0, t) = R(t)$；当供水强度超过入渗能

力时，$q(0, t)$ 由土壤水分运动求解得到，且 $q(0, t) < R(t)$。

当地表处于蒸发状态，蒸发强度 $E_s(t)$ 已知或求解土壤水运动得出，此时也属第三类边界。因蒸发时，地表处 $J=0$、$q=-E_s(t)$，故

$$-\theta D \frac{\partial c}{\partial z} + c E_s(t) = 0 \qquad z=0, t>0 \qquad (3-36)$$

一般来说，如果已知边界上的溶质浓度，则在该边界上应用第一类边界或第三类边界都是可行的，但是最好应用第三类边界，因为这种边界条件比第一类边界条件在物理上更真实地描述了溶质的运动，并且在计算过程中有利于保持溶质质量平衡。

c. 第二类边界条件。进行田间或室内试验时，地表处可以是既不入渗也不蒸发即处于所谓的再分配状态，此时属于第二类边界。因 $J=0$，$q=0$，故

$$\frac{\partial c}{\partial c} = 0 \qquad z=0, t>0 \qquad (3-37)$$

3）下边界条件。根据具体情况常取下列第一类或第二类边界条件：

$$c = c_L(t) \qquad z=L, t>0 \qquad (3-38)$$

$$\frac{\partial c}{\partial z} = 0 \qquad z=L, t>0 \qquad (3-39)$$

上述基本方程、初始条件和边界条件构成了一维饱和/非饱和土壤中溶质运移问题的数学模型。

（3）一维饱和/非饱和水动力弥散系数。一维饱和/非饱和水动力弥散系数（Bear，1972）为一个张量，可以表示为：

$$D\theta = D_L |q| + \theta D_d \tau \qquad (3-40)$$

式中　D_d——离子或分子在静水中的扩散系数；

τ——土壤孔隙的曲率因子；

D_L——纵向弥散度；

q——水流通量。

土壤孔隙的曲率因子可以表达为土壤含水率的函数：

$$\tau = \frac{\theta^{7/3}}{\theta_s^2} \qquad (3-41)$$

3.2.1.3　作物蒸腾与土壤蒸发

作物潜在蒸散量是指参考作物在水肥条件充足的情况下所产生的蒸腾量和蒸发量之和。SWAP 采用联合国粮农组织（FAO）推荐的 Penman - Monteith 公式计算作物潜在蒸腾量 ET_p，其公式为

$$ET_p = \frac{\dfrac{\Delta_v}{\lambda_w}(R_n - G) + \dfrac{p_1 \rho_{air} C_{air}}{\lambda_w} \dfrac{e_{sat} - e_a}{r_{air}}}{\Delta_v + \gamma_{air}\left(1 + \dfrac{r_{crop}}{r_{air}}\right)} \qquad (3-42)$$

式中　ET_p——潜在蒸散量，mm/d；

Δ_v——蒸汽压曲线的斜率，kPa/℃；

λ_w——气化潜热，J/kg；

R_n——冠层上部净辐射通量密度，J/(m²·d)；

G——土壤热通量密度，J/(m²·d)；

p_1——单位换算系数，86400s/d；

ρ_{air}——空气密度，kg/m³；

C_{air}——空气热容量，J/(kg·℃)；

e_{sat}——饱和蒸汽压，kPa；

e_a——实际蒸汽压，kPa；

r_{air}——空气阻力，s/m；

γ_{air}——湿度计常数，kPa/℃；

r_{crop}——作物阻力，s/m。

由于 Penman - Monteith 公式要求的资料较多，在资料不足的情况下，SWAP 也可以采用参照作物蒸散量来计算潜在作物蒸散量，其公式为

$$ET_{p0} = k_c ET_{ref} \qquad (3-43)$$

式中　ET_{p0}——潜在作物蒸腾量，cm/d；

k_c——作物系数，取值主要取决于所采用计算参照作物蒸散量的方法，在 SWAP 中 k_c 从开花期到

成熟期被定义为常量；

ET_{ref}——参照作物蒸散量，cm/d。

SWAP 中，利用作物叶面积指数（LAI）或土壤覆盖率（SC）将所得潜在蒸散量划分为作物潜在蒸腾量和土壤潜在蒸发量，然后根据土壤的实际含水量计算作物的实际蒸腾及土壤的实际蒸发。

3.2.1.4 作物生长模型

SWAP 模型中采用的作物模型包括复杂作物生长模型和简单作物模型。复杂的作物模型模拟作物的生长过程，而简单作物模型则模拟作物的最终产量。简单作物模型（Smith，1992）：

$$1 - \frac{Y_{a,k}}{Y_{p,k}} = K_{y,k}\left(1 - \frac{T_{a,k}}{T_{p,k}}\right) \tag{3-44}$$

式中　$Y_{a,k}$、$Y_{p,k}$、$T_{a,k}$、$T_{p,k}$——各生育阶段作物实际产量、最大产量、实际蒸腾量、最大蒸腾量；

$K_{y,k}$——各生育阶段作物产量反映系数。

SWAP 模型中运用以各生育阶段相对产量连乘的数学模型和结构关系表示整个生育阶段的相对产量：

$$\frac{Y_a}{Y_p} = \prod_{k=1}^{n}\left(\frac{Y_{a,k}}{Y_{p,k}}\right) \tag{3-45}$$

式中　Y_a、Y_p——整个生育期的累积实际产量、累积最大产量；

n——不同生育阶段的数量。

复杂作物模型采用 WOFOST 作物模型原理，能模拟在各种气象及管理条件下作物的生长过程及最终的作物产量。涉及作物的发育阶段、各器官生长、干物质分配、光合利用等模拟。模拟过程见图 3-4。

本书采用 SWAP-WOFOST 模型中的 CASSAVA 模型，建立 SWAP-WOFOST-CASSAVA 模型。通过对模型的理论知识学习，首先对模型的参数进行敏感性分析，在参数敏感性分析基础上，选取在基地气象及土壤条件下的敏感性参数，对参数进

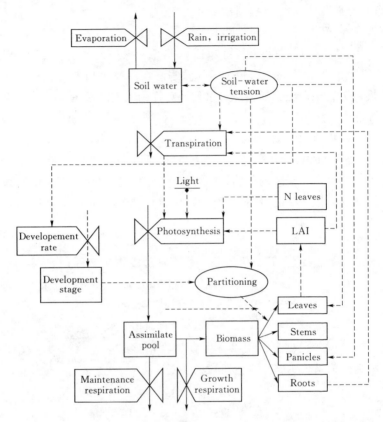

图 3-4　WOFOST 作物生长模拟过程

行不确定性抽样，结合观测数据（土壤水分、LAI、产量）利用 4DV 优化方法获得最优土壤水分及作物生长估计。

3.2.2　模型参数分析

采用基地实地观测气象数据，对 SWAP - WOFOST - CAS-SAVA 模型参数进行敏感性分析。首先是模型参数的选取，SWAP - WOFOST - CASSAVA 模型的参数共 56 个（表 3-6），根据经验及文献设定均值，为了进行参数敏感性分析，需设定一定的扰动，本书中设定扰动为 10%。

表 3 - 6 　　　　　　　　　　SWAP 模型参数

参数	定　义	均值	扰动
thetaR	残余含水量	0.1	10%
thetaS	饱和含水量	0.48	10%
alfa	干边曲线形状参数	0.08	10%
npar	VG 模型形状参数	1.56	10%
Ksat	饱和渗透系数/(cm/d)	21	10%
TSUMEA	开花期累积温度日/(℃/d)	5186	10%
TSUMAM	成熟期累积温度日/(℃/d)	642	10%
TDWI	初始干物质量/(kg/hm^2)	600	10%
LAIEM	萌芽期叶面积指数	0.1782	10%
RGRLAI	最大相对叶面积增长速度	0.05	10%
SPAN	35℃时叶片寿命/d	75	10%
TBASE	叶片生理老化温度下限/℃	10	10%
SLATB$_0$	指定叶面积（DVS=0)/(hm^2/kg)	0.0009	10%
SLATB$_{0.78}$	指定叶面积（DVS=0.78)/(hm^2/kg)	0.0008	10%
SLATB$_{2.0}$	指定叶面积（DVS=2.0)/(hm^2/kg)	0.001	10%
EFF	光利用系数/(kgCO$_2$J^{-1}adsorbed)	0.45	10%
AMAXTB$_0$	最大 CO$_2$同化速率/[kg/(hm^2·h)，DVS=0]	70	10%
AMAXTB$_{1.25}$	最大 CO$_2$同化速率/[kg/(hm^2·h)，DVS=1.25]	70	10%
AMAXTB$_{1.5}$	最大 CO$_2$同化速率/[kg/(hm^2·h)，DVS=1.5]	42	10%
AMAXTB$_{1.75}$	最大 CO$_2$同化速率/[kg/(hm^2·h)，DVS=1.75]	42	10%
AMAXTB$_{2.0}$	最大 CO$_2$同化速率/[kg/(hm^2·h)，DVS=2.0]	30	10%
TMPFTB$_9$	CO$_2$同化速率衰减系数（AveT=9ºC)	0	10%
TMPFTB$_{16}$	CO$_2$同化速率衰减系数（AveT=16ºC)	1	10%
TMPFTB$_{18}$	CO$_2$同化速率衰减系数（AveT=18ºC)	1	10%
TMPFTB$_{20}$	CO$_2$同化速率衰减系数（AveT=20ºC)	1	10%
CVL	叶片干物质转换系数	0.72	10%
CVO	存贮器官物质转换系数	0.73	10%

续表

参数	定　义	均值	扰动
CVR	根系干物质转换系数	0.72	10%
CVS	株茎干物质转换系数	0.72	10%
Q_{10}	呼吸作用每 10℃ 增长速率	2	10%
RML	叶片维持呼吸相对速率	0.03	10%
RMO	储存器官维持呼吸相对速率	0.01	10%
RMR	根系维持呼吸相对速	0.015	10%
RMS	株茎维持呼吸相对速率	0.007	10%
$RFSETB_{1.75}$	衰亡衰减系数（DVS=1.75）	1	10%
$RFSETB_{2.0}$	衰亡衰减系数（DVS=2.0）	1	10%
$FRTB_0$	总干物质量分配到根系系数（DVS=0）	0.67	10%
$FRTB_{0.4}$	总干物质量分配到根系系数（DVS=0.4）	0.16	10%
$FRTB_{0.6}$	总干物质量分配到根系系数（DVS=0.6）	0.16	10%
$FRTB_{0.9}$	总干物质量分配到根系系数（DVS=0.9）	0.16	10%
$FLTB_0$	地上总干物质量分配到叶系数（DVS=0）	1	10%
$FLTB_{0.33}$	地上总干物质量分配到叶系数（DVS=0.33）	0.66	10%
$FLTB_{0.88}$	地上总干物质量分配到叶系数（DVS=0.88）	0.24	10%
$FSTB_0$	地上总干物质量分配到株茎系数（DVS=0）	0	10%
$FSTB_{0.33}$	地上总干物质量分配到株茎系数（DVs=0.33）	0	10%
$FSTB_{0.88}$	地上总干物质量分配到株茎系数（DVS=0.88）	0.1	10%
$FOTB_{1.05}$	地上总干物质量分配到储存器官系数（DVS=1.05）	1	10%
$FOTB_{2.0}$	地上总干物质量分配到储存器官系数（DVS=2.0）	1	10%
$RDRRTB_{1.5001}$	根系相对死亡速率（DVS=1.5001）	0.02	10%
$RDRRTB_{2.0}$	根系相对死亡速率（DVS=2.0）	0.02	10%
$RDRSTB_{1.5001}$	株茎相对死亡速率（DVS=1.5001）	0.02	10%

续表

参数	定 义	均值	扰动
RDRSTB$_{2.0}$	株茎相对死亡速率（DVS=2.0）	0.02	10%
COFAB	降雨截取深度/cm	0.25	10%
RDI	根系初始深度/cm	10	10%
RRI	根系日最大生长深度/(cm/d)	1.2	10%
RDC	根系最大深度/cm	60	10%

采用 Morri's（1991）参数敏感性分析［式（3-46）］方法进行参数敏感性分析。利用 Mento Carlo 随机抽样方法根据均值和扰动抽取 100 个样本，编写 Fortran 及 MATLAB 程序实现计算过程并进行结果处理与分析，共有 $100×（56+1）=5700$ 次运算，分析参数对作物生育阶段（DVS）、叶面积指数（LAI）、缺水指数（WS）、产量（Yield）的敏感性。

$$R_i(x_1,\cdots,x_n,\Delta)$$
$$=\frac{y(x_1,\cdots,x_{i-1},x_i+\Delta,x_{i+1},\cdots,x_n)-y(x_1,\cdots,x_n)}{\Delta}$$

（3-46）

式中　　$X_i=(x_1,\cdots,x_n)$——参数维度；

　　　　$y(x)$——模型输出；

　　　　Δ——参数增量，采用参数 i 的 R_i 的绝对均值评价参数的敏感性，均值越大，敏感性越高。参数敏感性结果见图 3-5。

3.2.3　实例模拟

3.2.3.1　选取敏感性参数

根据图 3-5，选取 Thetas、Npar、TSUMEA、RGRLAI、TBASE、EFF 和 CVO 7 个敏感性参数，参数的均值及不确定性见表 3-7。

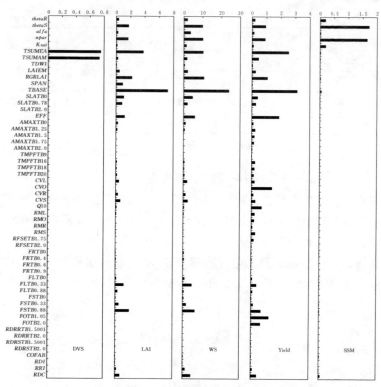

图 3 - 5　参数敏感性结果

DVS—作物生长阶段；LAI—叶面积指数；WS—作物水分胁迫；

Yield—作物产量；SSM—土壤水分

表 3 - 7　　　　　　　　　　　**敏感性参数选取**

参　　数	均　　值	不确定性/%
Thetas	0.43	10
Npar	1.56	10
TSUMEA	750	10
RGRLAI	0.05	10
TBASE	10	10
EFF	0.45	10
CVO	0.671	10

3.2.3.2 结合观测的同化模拟

采用结合观测的 4DV (4 - Dimensional Variable) 方法进行模拟，方法如下：

$$J(p) = \sum_{i=1}^{N} (Var_{\text{mod},i} - Var_{\text{obs},i})^2 \qquad (3-47)$$

式中　i——观测时间；

　　　N——观测次数；

　　Var——观测变量（土壤水分、干物质量、叶面积等）。

$J(p)$ 越小则表明模型结果越可靠。

3.2.3.3 模拟结果

模型考虑土壤深度为100cm，根据实地勘察及文献查阅，木薯根系深度设定为40cm（2016年4月4日—5月13日）、50cm（2016年5月14日—7月2日）和60cm（2016年7月3日—12月9日）。结合前期土地整理数据，只需考虑一层土壤。

1. 最佳需肥量计算

最佳施肥量考虑潜在及缺水条件两种情况，利用 SWAP - WOFOST - CASSAVA 模型模拟甘蔗在两种情况下的最佳施肥量。首先模型输入项中要输入土壤 N、P、K 的本底值，实测土壤三种元素含量，见表3-8。

表3-8　　　　　　　　土壤初始 N、P、K 含量

元素含量	N	P	K
含量/(kg/亩)	3.29	0.81	5.32

模拟结果如下：

利用模型模拟得潜在及缺水条件下的需肥量见表3-9。

从表3-10可知，需肥量相对于土壤本底值而言，数值大，证明土壤缺肥严重。项目考虑了6种施肥水平，不同的施肥水平（灌溉量均为0.8倍比水平）及其对应产量见表3-10。从表3-10中可以看出，在施肥量相同的情况下，处理5的效果最好，建议在施肥时按照不同生育期进行阶段施肥。

表 3-9　　　　　　模拟潜在及缺水条件下的需肥量

项目	潜在条件下			缺水条件下		
	N	P	K	N	P	K
需求量 /(kg/亩)	23.41	5.77	21.32	22.91	5.65	20.85

表 3-10　　　0.8 倍比灌溉水平下的不同施肥水平及其产量

处理	施肥	时间	比例	有效肥量	产量
1	无施肥			0	1.963
2	全基肥	0	1	80	2.492
3	全结薯肥	90	1	80	3.123
4	基肥	0	0.5	40	3.229
	苗期	90	0.5	40	
5	基肥	0	0.5	40	3.464
	苗期	30	0.25	20	
	结薯肥	60	0.25	20	
6	基肥	0	0.5	60	4.231
	苗期	30	0.25	30	
	结薯肥	60	0.25	30	

按照施肥比：$N:P_2O_5:K_2O=19:09:23$ 换算有效施肥量得到各水平下的元素含量，见表 3-11。

表 3-11　　　　　　各处理水平下 N、P、K 含量

元素	处理					
	1	2	3	4	5	6
N	0	15.2	15.2	15.2	15.2	22.8
P	0	3.14	3.14	3.14	3.14	4.72
K	0	15.27	15.27	15.27	15.27	22.9

对比表 3-9 和表 3-11 可知，处理的有效肥量与潜在条件最为接近，处理 6 产量最高，说明处理 6 为最优施肥水平。从中可以看出 P、N 肥仍然有些偏低，而 K 肥偏高。

2. 最佳灌水量计算

灌溉上限为田间持水量（$0.35 m^3 / m^3$）的 0.9 倍（2016 年 4 月 4 日—5 月 13 日），0.95 倍（2016 年 5 月 14 日—7 月 2 日），0.95 倍（2016 年 7 月 3 日—10 月 30 日）及 0.9 倍（2016 年 10 月 30 日—12 月 9 日），下限为田间持水量的 0.7 倍（2016 年 4 月 4 日—5 月 13 日），0.75 倍（2016 年 5 月 14 日—7 月 2 日），0.75 倍（2016 年 7 月 3 日—10 月 30 日）及 0.7 倍（2016 年 10 月 30 日—12 月 9 日）。共有 5 次灌水，时间分别为 2016 年 5 月 12 日，2016 年 5 月 17 日，2016 年 5 月 27 日，2016 年 9 月 23 日和 2016 年 10 月 2 日，灌水的施肥量均为处理 6，各灌水水平及实测产量见表 3-12。

表 3-12　　　　　　　　灌水水平及实测产量

日　期	0	0.5	0.8	1	1.5
5 月 13 日		5.26	8.41	10.51	15.76
5 月 18 日		4.20	6.73	8.41	12.61
5 月 28 日		4.20	6.73	8.41	12.61
9 月 24 日		5.04	8.07	10.09	15.13
10 月 3 日		5.04	8.07	10.09	15.13
合计	0	23.87	38.19	47.74	71.61
产量/(t/亩)	3.006	3.78	4.15	4.11	3.92

从表 3-12 可以得出，灌水量为 0.8 倍比时产量最高，即 0.8 倍比水平为最优水平。

利用模型模拟在不同灌水水平下的土壤水分剖面、根系区土壤含水量、作物胁迫指数、作物实际蒸发蒸腾、LAI 及产量。

（1）0 倍比灌水水平。

1）土壤水分剖面模拟结果见图 3-6。

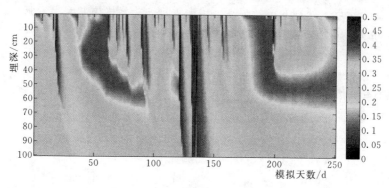

图 3-6

2）根系区土壤含水量与灌水上、下限模拟结果见图 3-7。

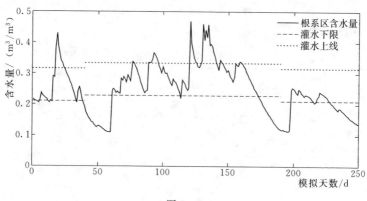

图 3-7

3）作物胁迫模拟结果见图 3-8。

4）叶面积指数（LAI）模拟结果见图 3-9。

5）蒸发蒸腾模拟结果见图 3-10。

6）产量模拟结果见图 3-11。

（2）0.5 倍比灌水水平。

1）土壤水分剖面模拟结果见图 3-12。

2）根系区土壤含水量与灌水上、下限模拟结果见图 3-13。

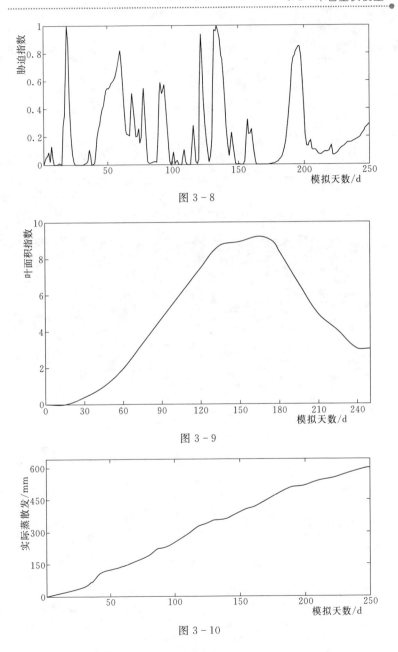

图 3 - 8

图 3 - 9

图 3 - 10

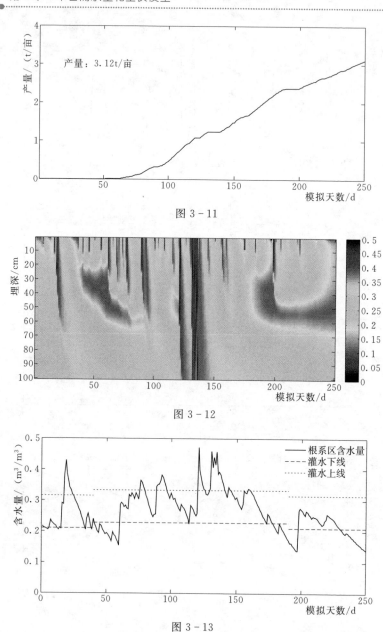

图 3 - 11

图 3 - 12

图 3 - 13

3）作物胁迫模拟结果见图 3-14。

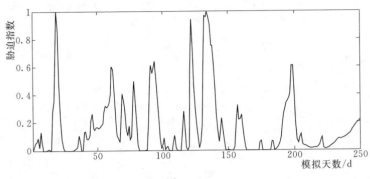

图 3-14

4）叶面积指数（LAI）模拟结果见图 3-15。

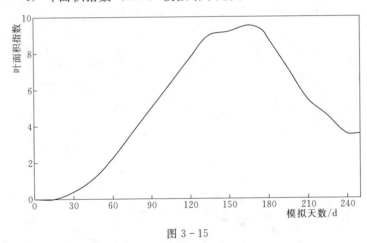

图 3-15

5）蒸发蒸腾模拟结果见图 3-16。

6）产量模拟结果见图 3-17。

（3）0.8 倍比灌水水平。

1）土壤水分剖面模拟结果见图 3-18。

2）根系区土壤含水量与灌水上、下限模拟结果见图 3-19。

3）作物胁迫模拟结果见图 3-20。

4）叶面积指数（LAI）模拟结果见图 3-21。

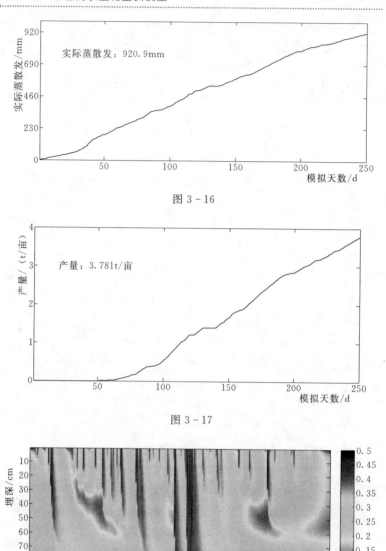

图 3 - 16

图 3 - 17

图 3 - 18

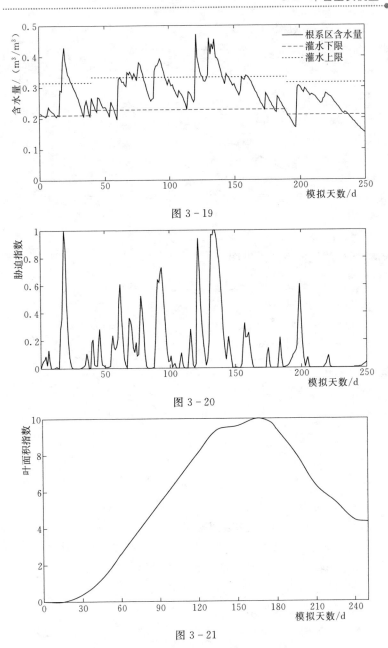

图 3 - 19

图 3 - 20

图 3 - 21

5）蒸发蒸腾模拟结果见图 3-22。

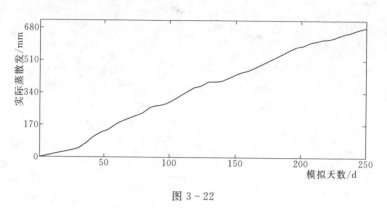

图 3-22

6）产量模拟结果见图 3-23。

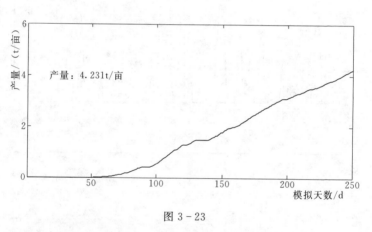

图 3-23

（4）1 倍比灌水水平。

1）土壤水分剖面模拟结果见图 3-24。

2）根系区土壤含水量与灌水上、下限模拟结果见图 3-25。

3）作物胁迫模拟结果见图 3-26。

4）叶面积指数（LAI）模拟结果见图 3-27。

5）蒸发蒸腾模拟结果见图 3-28。

6）产量模拟结果见图 3-29。

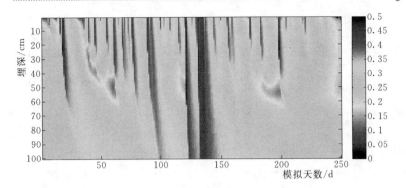

图 3 - 24

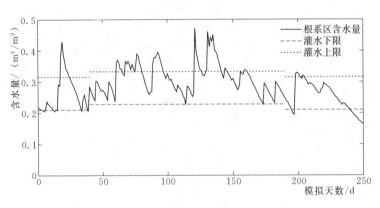

图 3 - 25

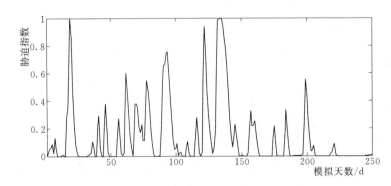

图 3 - 26

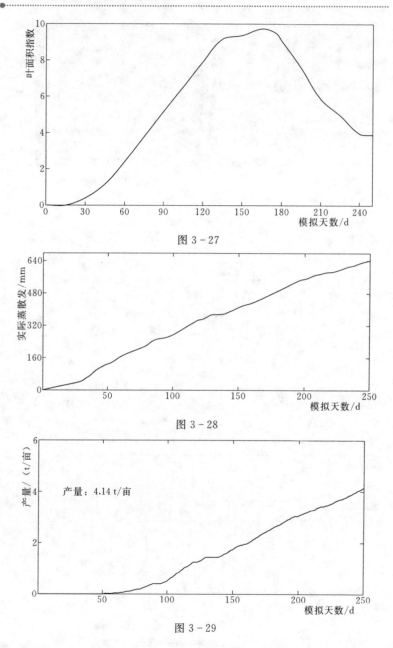

图 3 - 27

图 3 - 28

图 3 - 29

（5）1.5 倍比灌水水平。

1）土壤水分剖面模拟结果见图 3-30。

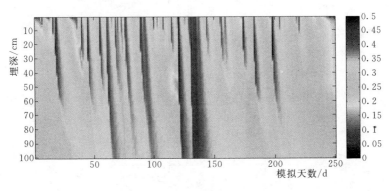

图 3-30

2）根系区土壤含水量与灌水上、下限模拟结果见图 3-31。

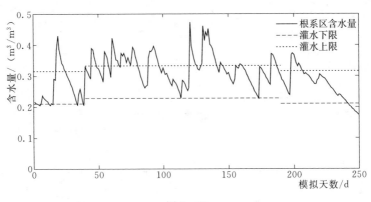

图 3-31

3）作物胁迫模拟结果见图 3-32。

4）叶面积指数（LAI）模拟结果见图 3-33。

5）蒸发蒸腾模拟结果见图 3-34。

6）产量模拟结果见图 3-35。

利用模型得到各灌水水平下的模拟产量和蒸发蒸腾量，见表 3-13。

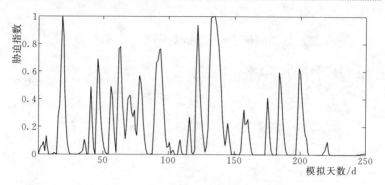

图 3 - 32

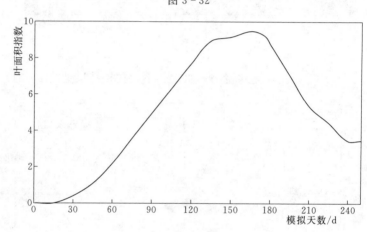

图 3 - 33

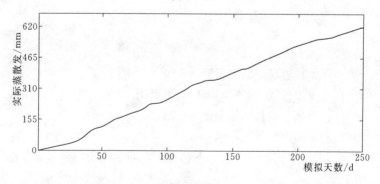

图 3 - 34

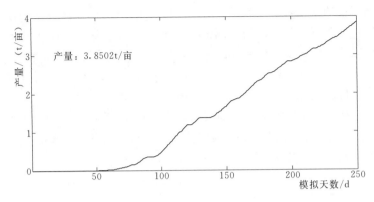

图 3-35

表 3-13   模型模拟产量和蒸发蒸腾量

处理	0 倍比	0.5 倍比	0.8 倍比	1 倍比	1.5 倍比
实测产量/(t/亩)	3.01	3.78	4.15	4.11	3.92
模拟产量/(t/亩)	3.12	3.78	4.23	4.14	3.85
模拟蒸散/mm	843.6	920.9	945.3	942.1	901.8

　　从表 3-13 中可以看出，模拟产量与灌水的关系和实测产量与灌水的关系一致，且均与蒸散量十分相关。蒸散主要由土壤水分胁迫控制，从计算结果图中可以看出，在缺水时间段，灌水明显减弱了水分胁迫，但灌水量超过 0.8 倍比之后，反而形成了受渍胁迫，因此在实际中要注意避免多余灌水，造成减产。利用模型实时预测土壤水分状态和作物水分胁迫情况可为实践操作提供良好指导，应得到重视和应用。通过水分胁迫可知，因降雨季节变化明显，降雨产生了明显的受渍胁迫，故在实践中不能只考虑灌水，还需做好排水工作。

3.3 本章小结

　　(1) 总体而言，SWAP - WOFOST - CASSAVA 作物生长模型能动态反映土壤水分剖面及根系区土壤水分含量随时间与根系深度的变化，可以提供实时信息用于指导灌溉，同时通过模拟提供的土壤水分与作物之间的动态关系信息，经实践管理操作，可以为作物生长提供良好的环境，提高水分利用效率，节水增产效果明显。同时模型还可进行产量预估，可以提供产量信息，获得更好的统计数据。

（2）采用 SWAP – WOFOST – CASSAVA 作物生长模型模拟的精度达到 95％以上。采用该模型，可用来指导木薯在各水平年的灌溉、施肥等农事活动，并获得丰产、高产。

第 4 章

旱作物实用灌溉技术

4.1 山丘区自动化灌溉木薯技术

4.1.1 研发目的

目前，木薯灌溉基本依靠人工进行，但人工浇灌不均匀、不定时，有的片区灌水多，有的片区灌水少，使得作物生长参差不齐，影响管理和产量，故随着社会经济的发展，作物对自动化灌溉的需求越来越大。

4.1.2 主要原理

为适应新形势下的灌溉需求，提出一种自动化灌溉装置，包括储水器，进、出水管，电机，PLC 控制系统和灌溉系统。储水器内设有储水腔，储水器为圆柱形，其底部左侧外壁上设置进水管，进水管设置有入水泵，出水管通过支架固定在储水器上，出水管的进水端与储水器的储水腔连通，出水管的出水端设置有多向阀，且多向阀连通灌溉系统。

PLC 控制系统与电机和电磁阀间接。PLC 控制系统包括由传感器组及其连接线路构成的监测单元和与监测单元连接的主控单元。传感器组包括温度传感器和湿度传感器。主控单元由中央处理模块、模拟量输入输出模块、数字量输入输出模块、数据存储模块和网络通信模块组成。主控单元通过无线局域网连接无线路由器，无线路由器上分别连接维护用远程终端以及控制用可移动终端，详见图4-1。

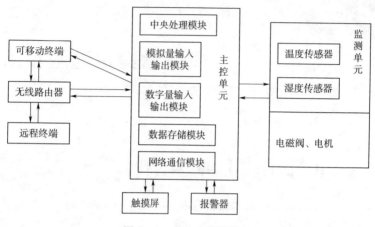

图4-1　自动化灌溉装置

4.1.3　应用情况及效果分析

与现有技术相比，本技术通过利用无线局域网与无线路由器连接，控制单元通过设置其内的网络通信模块与无线路由器连接；可移动终端的手机和平板电脑可以直接通过控制单元内的网络通信模块与控制单元连接，采用智能控制的方式，当传感器检测到作物土壤水分含量不足时，能实时灌溉。技术研发后，申请并获得实用新型专利（专利号：ZL2015 20081644.1），并在崇左市江州区陇铎木薯灌溉工程等进行了推广应用，效果良好。

4.2　山丘区水锤泵提水调蓄灌溉木薯技术

4.2.1　研发目的

木薯是广西支柱产业之一，目前种植面积350万亩左右，鲜薯总产量 500 万 t 以上，亩均单产较低，仅 1.4t/亩，究其原因，木薯多种植在旱坡地，土壤质地差，缺乏水利设施。由于种植木薯的耕地地形变化较大，采用传统的渠道输水灌溉难度较大，而管道输水灌溉可以克服地形变化的难点，是解决木薯干旱缺水的有效措施。经试验证明，有灌溉设施的木薯比无灌溉的木薯亩均增产2t以上。另外，广西小河流众多，均有一定的落差，适宜修建水锤泵进行提水灌溉。因此，有必要结合广西木薯种植的地形、水源等条件开发出一种与之适应的提水灌溉系统。

4.2.2　主要原理

山丘区水锤泵提水灌溉木薯系统包括拦污栅、集水池、进水管、水锤泵、上水管、高位调蓄水池、配水干管、带球阀的文丘里施肥器、施肥桶、配水支管、胶垫、旁通、滴灌带。拦污栅安装在集水池的前部，集水池修建在河流边，并在底部安装有进水管，进水管连接水锤泵，水锤泵出口连接上水管，上水管连接高位水池，高位水池底部安装配水干管，配水干管与带球阀的文丘里施肥器连接，带球阀的文丘里施肥器与配水支管连接，配水支管上打孔，安装胶垫，胶垫连接旁通，旁通连接滴灌带。其中，进水池底部与水锤泵进水口的高差不得少于 2m；高位水池与木薯地的高差不得少于 10m，以满足滴灌带的工作压力；上水管、配水干管和配水支管的材质为镀锌钢管、PVC - U 管和 PE 管。水源落差 2.5m，来水量 15m³/h，通过水锤泵后，可以将1.5m³/h 的水量提至 20m 高处的水池。水池的水经文丘里施肥器后，实现灌溉，详见图 4 - 2。

4.2.3　应用情况及效果分析

本技术充分利用水锤泵的特点，通过水源落差产生水锤效应将水提至高位水池，不需要安装动力设备，节省电能，是一种节能环保的技术。它可以日夜不间断地自动提水，管理简单，结合高位水池，实现"提蓄结合"；还可以根据木薯生长需要，进行

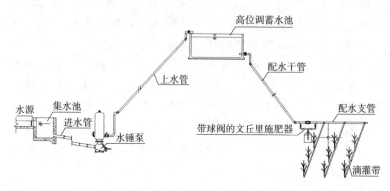

图 4 - 2　水锤泵提水灌溉木薯系统示意图

灌溉和施肥，比无灌溉的木薯亩均增产 2t 以上。技术研发后，申请并获得实用新型专利（专利号：ZL2015 20170053.8）。

4.3　山丘区灌溉系统排气减震装置

4.3.1　研发目的

（1）目前，我国多地大力发展高效节水灌溉，管道输水可以有效提高灌溉水利用效率，并在高效节水灌溉中广泛应用，PVC - U 管道具有安装简单、价格便宜的优点，在国内外农业灌溉中应用广泛。

（2）PVC - U 管道安装分为承插式和胶结式两种型式，在使用中具有经济、方便等优势。然而在丘陵坡地，PVC - U 管道运行一段时间后，常出现连接件松动漏水甚至爆管等问题，究其原因是在支管进水口、主支管交汇处和弯管处因水锤或断流拟合作用产生的激振影响。

（3）由于 PVC - U 管道的机械强度大但柔性差等特点，虽然设置了增加复合式空气阀等防水锤和防断流拟合破坏的装置，但是在实际运行中，这些装置只能降低或减少危害，并不能消除危害，因此，管道运行中的激振破坏影响还长期存在，这将严重危害管道运行安全。

4.3.2 主要原理

　　山丘区灌溉系统排气减震装置包括依照山丘地形铺设于地下的干管，干管包括依次连接的第一地面段、第一斜坡段、山顶段、第二斜坡段和第二地面段，第一地面段、第一斜坡段、山顶段、第二斜坡段和第二地面段上均设有若干个防激振柔性结构，第一斜坡段或第二斜坡段上设有第一防水锤结构，山顶段上设有第二防水锤结构。第二防水锤结构包括依次连接的异径三通、出地管、内丝接头和复合式空气阀，异径三通设于山顶段上，出地管、内丝接头和复合式空气阀伸出地面。第一防水锤结构包括依次连接的异径三通、45°弯头、出地管、内丝接头和复合式空气阀，异径三通设于第一斜坡段或第二斜坡段上，出地管、内丝接头和复合式空气阀伸出地面，详见图4-3。

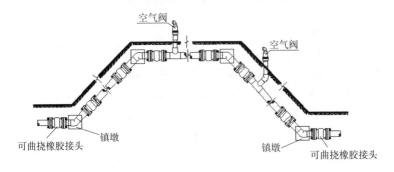

图4-3　山丘区灌溉系统排气减震装置

4.3.3 应用情况及效果分析

　　本技术采用可曲挠橡胶接头作为PVC-U管道在高落差多起伏地区输水的柔性连接件，设置防水锤结构，进一步降低因水锤和断流拟合带来的管道激振影响，价格便宜，适合在山丘区高效节水灌溉工程中大规模推广。技术研发后，申请了实用新型专利。

4.4　集中式灌溉施肥装置

4.4.1　研发目的

（1）大面积种植作业中集中式施肥成本低廉，且通过水肥一体化，可提高植物吸收效率，进一步降低施肥量，从而降低面源污染，保护环境。目前，该装置在国内应用较为广泛。

（2）采用常规集中式灌溉施肥装置，不同的肥料溶点不一致，溶解效率差，易造成肥液溶度不均匀难以控制施肥比例，肥料中的小颗粒杂质常随施肥装置进入滴灌带，进而造成滴灌带阻塞，影响滴灌带的使用寿命，且常用的水肥性肥料成本过于昂贵，不能降低肥料成本。

4.4.2　主要原理

集中式灌溉施肥装置包括搅拌池和静置分离池。搅拌池上连接进水管，进水管上设有控制阀。搅拌池与静置分离池之间连接第一进肥管，静置分离池上连接第二进肥管。搅拌池上设有电动搅拌器。第二进肥管上按液体流动方向依次设有检修阀、施肥泵，施肥泵连接施肥管，施肥管上设有叠片过滤器，搅拌池的水平高度高于静置分离池的水平高度，静置分离池中的第一进肥管上设有不锈钢控制阀和过滤网。搅拌池上设有电动搅拌器支撑系统，电动搅拌器固定于支撑系统上，电动搅拌器包括电动机、传动轴和螺旋桨，电动机输出轴向下设置于电动搅拌器支撑系统上，传动轴与电动机的输出轴固定连接，螺旋桨固定于传动轴的末端。过滤网为120目过滤网，叠片过滤器为120目叠片过滤器，集中式灌溉施肥装置见图4-4。

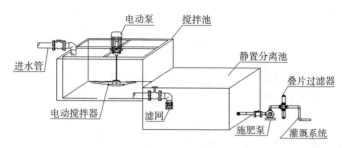

图 4-4　集中式灌溉施肥装置

4.5　太阳能和风能提水灌溉技术

4.5.1　木薯种植区太阳能及风能资源评价

4.5.1.1　太阳能资源

广西日照适中，冬少夏多，各地年日照时数 1169～2219h。与邻省比较，比湘、黔、川等省偏多，比云南大部地区偏少，与广东相当。其地域分布特点是：南部多，北部少；河谷平原多，丘陵山区少。北海及田阳、上思在 1800h 以上，以涠洲岛最多，全年达 2219h。河池、桂林、柳州 3 市大部及金秀、乐业、凌云、那坡、马山等地不足 1500h，金秀全年日照时数最少，只有 1169h。

据计算，广西年平均太阳总辐射 4395.45MJ/m²，全区各地年太阳总辐射为 3682.2～5642.8MJ/m²。广西各地年太阳总辐射空间分布特征为：南部多、北部少；盆地平原较多、丘陵山区较少。22.5°N 以南的地区，包括梧州、玉林两市南部，钦州、北海两市，右江河谷及宁明、横县，年辐射在 4700MJ/m² 以上，其中北海、合浦、涠洲岛及上思等地超过 5000MJ/m²，年辐射最多的涠洲岛为 5642.8MJ/m²。24°N 以北的桂林、河池两市大部分及柳州市北部，年辐射在 4100MJ/m² 以下，其中桂北靠近湘、黔两省的边缘各县及金秀低于 3800MJ/m²，年辐射最低的金秀为 3682.2MJ/m²。广西中部（22.5°N～24°N）大部分地区为 4100～4700MJ/m²。

南宁总辐射年平均为 4516.78MJ/m²，平均年日照时数为 1477.4h。而且灌溉季节正是太阳能峰值期，所以利用太阳能进行提水灌溉非常适宜。

4.5.1.2 风能资源

风能资源随时间、地点条件不同变化很大。广西地处低纬度，属亚热带季风区，其风力冬季最大，春季次之。其中桂西北在春季最大，桂西南与冬季基本持平。秋季主要集中分布在桂东地区，桂西大部及桂东的中部地区相对较低，夏季最小。冬季和秋季大致呈东高西低分布，春季呈北高南低分布，其中桂南海拔较高的山区也较高，夏季在桂北和海拔较高的极少数地区较高。

广西风能专业观测网 6 座测风塔 2009 年 6 月—2010 年 5 月间的实测数据显示，广西 10m 高风速平均为 4.3m/s，最大风速为 5.9m/s，由沿海地区的沙田站测得（见表 4-1）。根据多年气象资料分析，风能可分为以下等级：Ⅰ、Ⅱ 区为风能较丰富区，主要分布于北部湾沿海一带的白龙尾、北海、涠洲岛、企沙、龙门、浪子根等地，适宜发展风力发电，但在台风季节，需加强安全措施；Ⅳ 区分布于北部湾港湾或离河岸稍远一些的地点以及湘桂走廊、右江河谷一些地区，包括合浦、灵川、兴安、全州、钦州、田阳、富川、桂林、博白、容县、田东、融安、来宾、陆川、南宁等地。

表 4-1　　　　　　　　测风塔实测 10m 高风速　　　　　单位：m/s

沿海				富川	玉林
白龙尾	营盘	沙田	西场	虎头	大容山
4.2	4.2	5.9	3.6	4	4

4.5.1.3 太阳能和风能提水灌溉木薯的匹配性分析

1. 时间匹配性分析

由图 4-5 可见，广西太阳总辐射在夏季最高，秋季、春季次之，冬季最低。太阳总辐射量从 3 月开始至 7 月呈上升趋势，7 月太阳总辐射达到全年的峰值，大部分地区为 $450\sim600MJ/m^2$；

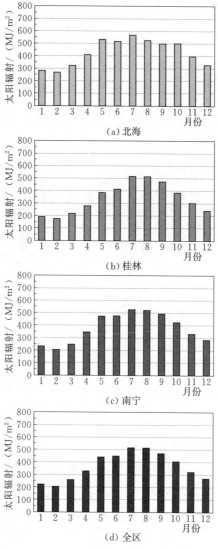

图 4-5 广西太阳辐射年内变化情况

从 8 月开始各地的太阳总辐射量逐月下降，2 月降至最低值，大部地区为 170～250MJ/m²。各地月辐射的变幅一般在 300MJ/m² 左右。按光-电转化效率 90%、提水机械效率 60%、需要扬程 102.5m 计算，广西全区太阳能平均每月可运输的水量为 197t/m²，全年总计 2363t/m²；北海区域太阳能平均每月可运输的水量为 231t/m²，全年总计 2766t/m²；桂林太阳能平均每月可运输的水量为 184t/m²，全年总计 2212t/m²；南宁太阳能平均每月可运输的水量为 206t/m²，全年总计 2471t/m²。广西太阳能提水能力理论值见图 4-6。

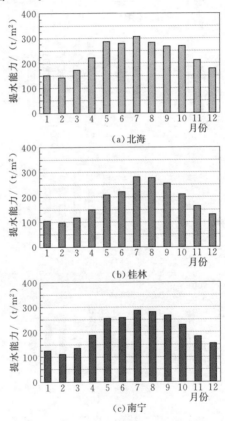

(a)北海

(b)桂林

(c)南宁

图 4-6（一）　广西太阳能提水能力理论值

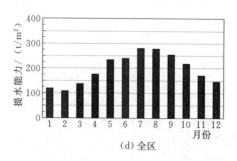

图 4-6（二） 广西太阳能提水能力理论值

图 4-7 展示了南宁试验站的典型气象年太阳辐射年内变化情况。最高辐射达到 $687MJ/m^2$，发生在 8 月；最低辐射为 $299MJ/m^2$，发生在 1 月；全年月平均辐射为 $506.4MJ/m^2$。与广西的总体情况基本一致。按光-电转化效率 90%、提水机械效率 60%、需要扬程 102.5m 计算，试验站的太阳能全年可运输的水量平均每月为 $272t/m^2$，年内总计 $3267t/m^2$（图 4-8）。

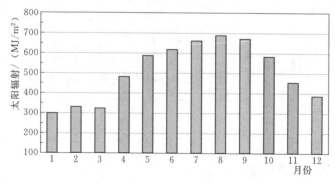

图 4-7 试验点太阳辐射年内变化情况

将试验站、广西全区太阳能的提水能力和枯水年木薯典型灌溉需水量过程加以对比，见图 4-9。最低太阳能提水能力在 100mm 以上，而木薯最大灌溉需水量在 9—10 月，为 17mm。太阳辐射变化规律与木薯灌溉需水过程具有同步性，太阳辐射强

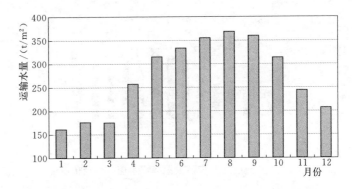

图 4-8　南宁试验站太阳能全年可运输的水量

的季节也是木薯需水量大的季节。可见，太阳能提水能力远大于木薯需水量，光伏提水能满足木薯灌溉需求。

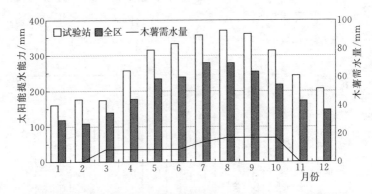

图 4-9　试验站、广西全区太阳能提水能力及枯水年木薯典型需水过程

2. 风光互补分析

从季节上看，广西冬季盛吹东北风或西北风，夏季盛吹东南风。柳州及其以南自 3 月起盛吹偏南风约 6 个月，柳州以北仅 6—8 月多偏南风；自 9 月起多偏北风，桂北偏北风多达 9 个月。冬半年风力大于夏半年，风力风向较稳定，风力较强；夏季风力较弱；春季风向多变，局部有短时大风。而太阳辐射规律为冬季

与春季较弱，夏、秋季较强。太阳能与风能恰好在时间上互补。在当地发展太阳能和风能联合提水系统能够取长补短，提高系统最大取水能力，增强系统供电稳定性，保障灌溉需求。

试验区典型气象年的年内风速变化情况见图 4 - 10。可以看出，试验区的风能和太阳能存在时间互补性，但由于风速相对较小，风能补充作用有限，在广西全区建设风光互补提水设备，其效益成本比仍需试验确定。

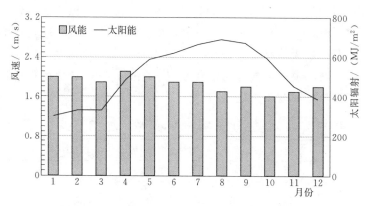

图 4 - 10 试验区典型气象年的年内风速变化情况

3. 空间匹配性分析

（1）适宜太阳能提水灌溉的坡度分析。坡度是开展太阳能提水灌溉的制约性因素，虽然微喷灌对于地形适应性较强，但由于灌溉喷头流量高于滴灌，如果坡度较大，由于下渗限制可能会形成径流，从而造成资源和能量浪费，同时也会造成水土流失。如沟灌一般要求其坡度均匀，不超过 2%～5%，而畦灌不超过 0.2%。由于微喷灌对地形适应性优于以上灌溉方法，但也必须用于较为平坦的地形，因此最好用在内陆盆地、山丘区的较大谷地和各河干支流的河谷平原区。结合广西木薯种植的实际情况，设定坡度小于 5°为高度适宜灌溉区域，坡度为 5°～15°为比较适宜区域，坡度为 15°～25°为临界适宜，坡度超过 25°为不适宜区域，见表 4 - 2。

表 4-2　　　　　　木薯种植的地形参数适宜性分级

适宜性分级赋值	高度适宜	比较适宜	临界适宜	不适宜
坡度/(°)	<5	5~15	15~25	>25
坡向/(°)	135~225	45~135 或 225~315	0~45 或 315~360	

（2）广西耕地与坡度匹配性分析。广西 2014 年的耕地总面积为 208.21358 万 hm^2，其中旱地面积为 73.9602 万 hm^2，水田面积为 134.25338 万 hm^2，耕地主要分布在桂西南、桂东南和沿海地区。从各地级市来看，南宁市、贵港市和来宾市的耕地面积最大，桂港市、南宁市、玉林市旱地种植面积最大，这与广西木薯的主要分配区域是相匹配的。广西各地市耕地种植面积与空间分布见表 4-3。

表 4-3　　　　　　　　广西各地市耕地面积

行政区域	耕地面积/万 hm^2	旱地面积/万 hm^2	水田面积/万 hm^2
北海市	13.3968	7.4503	5.9465
防城港市	1.0962	0.6554	0.4408
钦州市	8.6632	5.6291	3.0341
玉林市	13.4585	9.4776	3.9809
南宁市	33.9944	9.9742	24.0202
崇左市	7.0558	2.2157	4.8401
贵港市	48.8042	12.8167	35.9875
梧州市	7.40198	0.9691	6.43288
百色市	8.3763	4.8853	3.491
河池市	8.0279	3.1216	4.9063
来宾市	32.8189	9.1393	23.6796
柳州市	12.7071	5.6080	7.0991
贺州市	3.9098	0.7189	3.1909
桂林市	8.5025	1.2990	7.2035
总计	208.21358	73.9602	134.25338

　　利用 Arcmap 工具进行叠加分析得出不同坡度条件下广西各
地级市的耕地面积，从统计结果可以看出各地级市坡度在 0°～5°
耕地面积占比最大，不同地市之间差距较大。其中贵港市、玉林
市和南宁市坡度为 0°～25°的耕地面积最大，坡度与耕地面积匹
配性最好，适宜开展太阳能提水灌溉。百色市和河池市坡度为
25°～90°耕地面积最大，不适宜开展太阳能提水灌溉。通过统计
分析得到各地市不同坡度条件下的耕地面积，其中南宁市贵港
市、南宁市、玉林市低坡度旱地种植面积最大，坡度与旱地匹配
性较好。

表 4-4　　　　广西各地市不同坡度条件旱地面积

行政区域	0°～5° /万 hm²	5°～10° /万 hm²	10°～25° /万 hm²	25°～90° /万 hm²
北海市	6.75	0.62	0.08	0.002
防城港市	0.45	0.15	0.05	0.001
钦州市	4.13	1.05	0.43	0.020
玉林市	4.93	2.83	1.63	0.092
南宁市	7.21	1.82	0.79	0.148
崇左市	1.36	0.45	0.33	0.077
贵港市	9.19	2.48	1.06	0.083
梧州市	0.47	0.29	0.20	0.010
百色市	1.15	0.87	1.98	0.889
河池市	1.26	0.60	0.90	0.369
来宾市	6.81	1.35	0.77	0.197
柳州市	3.61	0.81	1.02	0.168
贺州市	0.54	0.11	0.06	0.005
桂林市	0.74	0.26	0.25	0.048
总计	48.6	13.69	9.55	2.109

（3）适宜太阳能提水灌溉的木薯种植区域。根据坡度与耕地的匹配性分析结果，坡度为 $0°\sim25°$ 的耕地适宜开展太阳能提水灌溉种植木薯。通过分析计算，广西适宜开展太阳能提水灌溉的旱地面积为 71.85 万 hm^2，其中贵港市、玉林市、南宁市、来宾市、北海市适宜开展太阳能提水灌溉的旱地面积最大，各地市适宜开展太阳能提水灌溉的旱地面积与空间分布见表 4-4。

4.5.2 灌溉系统

4.5.2.1 基本情况

试验站设计灌溉面积为 400 亩，种植作物是木薯，土壤容重为 $1.27g/cm^3$，田间持水量为 25%，适宜土壤含水量上限（重量百分比）为 80%，适宜土壤含水量下限（重量百分比）为 50%，灌溉水利用系数为 0.9。

试验采用滴灌和微润灌的灌溉方式。根据土壤、气候状况、地形等条件，毛管顺种植行布置，木薯种植间距为 1.0m，在每行木薯布置一条滴管带或微润管（即毛管间距为 1.0m）。滴灌带管径为 16mm，壁厚 0.30mm，滴孔间距 0.4m，流量 2.0L/h，工作压力为 0.10MPa，最大运行压力水头 0.20MPa。毛管平均间距为 1.0m，铺设长度为 60～100m。微润管选用深圳微润灌公司出品的二代微润管，单米流量可达 2.0L/h，工作压力为 0.02MPa，最大运行压力水头 0.10MPa。毛管性能参数见表 4-5。

表 4-5　　　　　　　　毛管性能参数表

规格	内径 /mm	壁厚 /mm	滴孔间距 /mm	设计流量 /（L/h）	工作压力 （米水头）/m
滴灌带	16	0.3	400	2.0	10
二代微润管	16			2.0L/（h·m）	2

根据《微灌工程技术规范》（GB/T 50485—2009），灌溉设计灌水定额计算结果见表 4-6。

表 4-6 滴灌设计净灌水定额计算成果

作物	γ /(g/cm³)	z /m	p /%	θ_{max} /%	θ_{min} /%	m_{max}	
						mm	m³/亩
木薯	1.27	0.3	40	21.25	16.25	7.62	5.08

注 微润灌参照滴灌执行，下同。

木薯灌溉属于补充灌溉，灌溉补充强度按照补充作物耗水量不足部分计算，计算公式如下：

$$E_c = E_0 - P_0 - S \qquad (4-1)$$

$$E_a = k_r G_c \qquad (4-2)$$

式中　E_0——蒸发蒸腾强度，mm/d，灌水季节耗水高峰月份参考作物蒸腾量（木薯一般为 10 月），根据经开区多年气象资料，确定经开区多年平均 10 月参考作物的作物蒸腾量为 4.1mm/d；

P_0——有效降雨量，mm/d；

S——根层土壤或地下水补给的水量，mm/d；

k_r——覆盖率影响系数，$k_r = 0.94$；

G_c——作物遮阴率系数，随作物种类和生育阶段而变化，对于大田作物，设计时可取 0.80～0.90，本处取 0.80；

E_a——灌溉补充强度，mm/d，取 1.65。

木薯灌溉主要集中在旱季，年灌水 10 次。木薯属于耐旱作物，降雨期间一般不进行灌溉。另外，木薯一般在旱坡地，地下水埋深较深，地下水补给量微乎其微。综上，计算得出 E_c 为 2.20mm/d。

4.5.2.2 管径及管道水力计算

根据计算公式：

$$D = \sqrt{\frac{4Q_0}{\pi V}} \qquad (4-3)$$

支管管径计算结果见表 4-7。

表 4-7　　　　　　　　支管管径计算结果表

分区名称	灌溉轮灌组	面积/亩	轮灌分区数	流量/(m³/h)	流速/(m/s)	长度/m	计算管径/m	DN63
分区一	支管 1-1	7	1	8.40	2	50	44	50
	支管 1-2	8	1	9.60	2	50	47	50
	支管 1-3	9	1	10.81	2	50	50	50
	支管 1-4	9	1	10.81	2	50	50	50
	支管 1-5	8	1	9.60	2	50	47	50
	支管 1-6	9	1	10.81	2	50	50	50
	支管 1-7	10	1	12.01	2	50	52	50
	支管 1-8	8	1	9.60	2	50	47	50
	支管 1-9	10	1	12.01	2	50	52	50
	支管 1-10	8	1	9.60	2	50	47	50
	支管 1-11	9	1	10.81	2	50	50	50
	支管 1-12	8	1	9.60	2	50	47	50
	支管 1-13	12	1	14.41	2	50	57	50
	支管 1-14	17	1	20.41	2	50	68	50
	支管 1-15	17	1	20.41	2	50	68	50
	支管 1-16	16	1	19.21	2	50	66	50
	支管 1-17	18	1	21.61	2	50	70	50
	支管 1-18	17	1	20.41	2	50	68	50
分区二	支管 2-1	8	1	9.60	2	50	47	50
	支管 2-2	8	1	9.60	2	50	47	50
	支管 2-3	7	1	8.40	2	50	44	50
	支管 2-4	9	1	10.81	2	50	50	50
	支管 2-5	8	1	9.60	2	50	47	50
	支管 2-6	8	1	9.60	2	50	47	50
	支管 2-7	8	1	9.60	2	50	47	50

分区名称	灌溉轮灌组	面积/亩	轮灌分区数	流量/(m³/h)	流速/(m/s)	长度/m	计算管径/m	DN63
分区二	支管 2-8	8	1	9.60	2	50	47	50
	支管 2-9	10	1	12.01	2	50	52	50
	支管 2-10	8	1	9.60	2	50	47	50
	支管 2-11	9	1	10.81	2	50	50	50
	支管 2-12	8	1	9.60	2	50	47	50
	支管 2-13	16	1	19.21	2	50	66	50
	支管 2-14	17	1	20.41	2	50	68	50
	支管 2-15	17	1	20.41	2	50	68	50
	支管 2-16	16	1	19.21	2	50	66	50
	支管 2-17	18	1	21.61	2	50	70	50
	支管 2-18	17	1	20.41	2	50	68	50

根据《微灌工程技术规范》（GB/T 50485—2009）的规定，管道沿程水头损失计算系数、指数见表 4-8。

表 4-8   管道沿程水头损失计算系数、指数表

管材			f	m	b
硬塑料管			0.464	1.77	4.77
软塑料管	$d>8mm$		0.505	1.75	4.75
	$d \leqslant 8mm$	$R_e>2320$	0.595	1.69	4.69
		$R_e \leqslant 2320$	1.75	1	4

（1）毛管水头损失的计算。毛管选用压力补偿式滴灌管，其

水头损失按式（4-4）、式（4-5）计算：

$$h_f = Ff \frac{LQ^m}{D^b}$$
（4-4）

$$F = \frac{N\left(\dfrac{1}{m+1} + \dfrac{1}{2N} + \dfrac{\sqrt{m-1}}{6N^2}\right) - 1 + X}{N - 1 + X}$$
（4-5）

式中 h_f——沿程水头损失；

    F——多口系数；

    N——孔口数；

    X——多孔管首孔位置系数，即管入口至第一个喷头（或孔口）的距离与喷头（或孔口）间距之比；

    f——摩阻系数，软塑料管，取 0.505；

    Q——流量，L/h；

    D——管内径，mm；

    L——管段长度，m；

    m、b——流量指数、管径指数，对于软塑料管，取 $m = 1.75$，$b = 4.75$。

毛管的局部水头损失可按沿程水头损失的 10% 考虑。

（2）支管水头损失计算。沿程水头损失按式（4-6）计算：

$$h_f = Ff \frac{LQ^m}{D^b}$$
（4-6）

局部水头损失一般按照沿程水头损失的 10%～20% 估算，本处取 20%。

（3）干管水头损失计算。计算公式为

$$h_f = f \frac{LQ^m}{d^b}$$
（4-7）

局部水头损失一般按照沿程水头损失的 10%～20% 估算，本处取 20%。

（4）系统水力计算参数及结果。系统的水力计算结果见表4-9。

表 4 - 9　　　　　　　**项目区田间单元水力计算表**

项目	田间单元编号	滴灌区	滴灌区
	轮灌组状态及编号	最不利轮灌组编号	最有利轮灌组编号
毛管	管长/m	100	100
	管孔口数/个	333	333
	首孔位置系数	0.67	0.67
	管内径/mm	15.1	15.1
	单孔流量/(L/h)	2.0	2.0
	流量指数 m	1.75	1.75
	管径指数 b	4.75	4.75
	多口系数 F	0.37	0.37
	摩阻系数 f	0.51	0.51
	沿程水头损失	1.23	1.23
	局部水头损失	0.12	0.12
	总水头损失	1.36	1.36
	允许水头偏差	1.7	1.7
	是否满足要求	是	是
	入口水头/m	11.36	11.36
支管	支管编号	1 - 8	1 - 13
	管长/m	50	50
	面积/亩	17	16
	入口标高	148	135
	末端标高	145.48	134
	管孔口数/个	50	50
	首孔位置系数	0.08	0.08
	管内径/mm	58	58
	流量/(L/h)	33333	33333
	流量指数 m	1.77	1.77
	管径指数 b	4.77	4.77

续表

项目	田间单元编号	滴灌区	滴灌区
	轮灌组状态及编号	最不利轮灌组编号	最有利轮灌组编号
毛管	多口系数 F	0.36	0.36
	摩阻系数 f	0.51	0.51
	沿程水头损失	3.60	3.60
	局部水头损失	0.36	0.36
	位势水头损失	−2.52	−1.00
	总水头损失	1.44	2.96
	入口水头/m	12.80	14.32
干管	管长/m	336	250
	管内径/mm	103.2	103.2
	流量/(L/h)	33333	33333
	入口标高	166	166
	末端标高	148	135
	流量指数 m	1.77	1.77
	管径指数 b	4.77	4.77
	摩阻系数 f	0.46	0.46
	沿程水头损失/m	3.88	2.89
	局部水头损失/m	0.39	0.29
	位势水头损失/m	−18	−31
	总水头损失/m	−13.73	−27.82
	入口水头/m	−0.92	−13.50
	田间工作水头/m	−0.92	−13.50

　　由表 4 - 9 可知，最不利工作水头和最有利工作水头相差 12.58m，最不利工作水头剩余工作水头 0.92m，最有利工作水头剩余水头 13.50m。系统内部的工作压力差均在 15m 以下，系统灌水较均匀。

4.5.3　灌溉方案设计

1. 设计灌水周期

设计灌水周期，可按式（4-8）、式（4-9）计算：

$$T \leqslant T_{\max} \tag{4-8}$$

$$T_{\max} = \frac{m_{\max}}{E_a} \tag{4-9}$$

式中　T——设计灌水周期，d；

$T_{\max}$——最大灌水周期，d；

$m_{\max}$——最大灌水定额，mm；

E_a——设计耗水强度，mm/d。

根据以上资料，可求得滴灌灌溉最大灌水周期 $T = 7.62/2.20 = 3.46$d，设计灌水周期取 4d。

2. 设计灌水定额

根据相关规范，滴灌一次设计灌水定额按式（4-10）、式（4-11）确定：

$$m_d = TI_a \tag{4-10}$$

$$m' = \frac{m_d}{\eta} \tag{4-11}$$

式中　m_d——设计净灌水定额，mm；

m'——设计毛灌水定额，mm；

η——灌溉水利用系数。

根据《微灌工程技术规范》（GB/T 50485—2009）的相关规定，结合项目区的具体情况，本次取滴灌的灌溉水利用系数为 0.90。

根据不同的灌水强度，按灌水保证率 85% 计算，设计灌水定额计算成果见表 4-10。

表 4-10　　　　　　　　设计灌水定额计算成果

作物	田间灌溉方式	I_a /(mm/d)	T/d	η	m_d		m'	
					mm	m³/亩	mm	m³/亩
木薯	滴灌	2.2	5	0.9	8.80	5.87	9.78	6.52

3. 设计灌水时间

设计灌水时间计算如下：

$$t = m'S_eS_L/q_{管}$$ （4-12）

式中　t——一次灌水延续时间，h；

　　　m'——设计毛灌水定额，mm；

　　　S_e——滴孔间距，0.4m；

　　　S_L——毛管平均间距，1.0m；

　　　$q_{管}$——滴孔流量，2.0L/h。

将数据代入式（4-12）计算得：木薯一次灌水延续时间 $t=$ 6.52×1.0×0.4/2.0＝1.31h，为了使管径更小，延长单次灌水时间，取5h。

4. 设计灌溉制度

（1）滴灌系统设计流量按照式（4-13）进行计算：

$$Q = \frac{n_0 q_d}{1000}$$ （4-13）

式中　Q——灌溉系统设计流量，m³/h；

　　　q_d——灌水器设计流量，L/h；

　　　n_0——同时工作的灌水器个数。

将数据代入式（4-13）计算得项目区灌溉系统设计流量为 20.84m³/h。

（2）轮灌区划分与系统工作制度拟定。为减少工程投资，提高设备利用率，增加灌溉面积，采用轮灌的工作制度。田间灌溉系统灌溉面积为400亩（分区一、分区二分别为200亩），直接在田间灌溉系统设置田间控制首部，干管向田间灌溉系统首部供水，分区一、分区二的田间灌溉系统内分为13个轮灌组和12个轮灌组，轮灌组面积在16亩左右。轮灌区数目按照式（4-14）进行计算：

$$N \leqslant CT/t$$ （4-14）

式中　N——轮灌区数目，取整数；

C——滴灌系统设计日运行时间，h；

T——灌水周期，d；

t——设计用每次灌水时间，h。

由基本资料确定：$C=10h$，$T=4d$，$t=5h$，则将数据代入式（4-14）计算得：$N\leqslant20$，为了运行方便，轮灌组取12。

5. 系统工作制度确定

南宁市经开区明阳风光互补提水灌溉工程田间灌溉系统分为13个轮灌组和12个轮灌组，系统轮灌制度见表4-11。

表4-11　风光互补提水滴灌及微润灌系统轮灌制度表

轮灌次序		灌溉轮灌组		面积/亩
		轮灌组编号	所属支管	
分区一	第一天	轮灌组1	支管1-1、支管1-7	16
		轮灌组2	支管1-2、支管1-8	17
		轮灌组3	支管1-3、支管1-9	17
	第二天	轮灌组4	支管1-4、支管1-10	16
		轮灌组5	支管1-5、支管1-11	18
		轮灌组6	支管1-6、支管1-12	15
	第三天	轮灌组7	支管1-13	16
		轮灌组8	支管1-14	17
		轮灌组9	支管1-15	17
	第四天	轮灌组10	支管1-16	16
		轮灌组11	支管1-17	18
		轮灌组12	支管1-18	17
分区二	第一天	轮灌组1	支管2-1、支管2-7	16
		轮灌组2	支管2-2、支管2-8	17
		轮灌组3	支管2-3、支管2-9	17
	第二天	轮灌组4	支管2-4、支管2-10	16
		轮灌组5	支管2-5、支管2-11	18
		轮灌组6	支管2-6、支管2-12	15

轮灌次序		灌溉轮灌组		面积/亩
		轮灌组编号	所属支管	
分区二	第三天	轮灌组 7	支管 2 - 13	16
		轮灌组 8	支管 2 - 14	17
		轮灌组 9	支管 2 - 15	17
	第四天	轮灌组 10	支管 2 - 16	16
		轮灌组 11	支管 2 - 17	18
		轮灌组 12	支管 2 - 18	17

4.5.4　提水泵站设计

1. 日提水时间

根据《光伏提水工程技术规范》（SL 540—2011）等其他规范，结合项目区的具体情况，在正常情况下，风光耦合水泵运行时间为 9：00—17：00，共 8h，其中，满额运行的时间为 10：00—15：00，共 5h；9：00—10：00 以及 15：00—17：00 共 3h 为调速运行阶段，出力效果等同 1h；风能满额提水时间 1h。因此，系统正常提水时间按 7h 计。

2. 提水天数

风光耦合提水流量的确定，需要根据提水天数和灌溉水量确定。根据木薯滴灌灌溉制度和设计枯水年（$P = 85\%$）计算分析，9 月需水量最大，需灌水 3 次，灌水间隔为 10d。当提水天数多时，需要的水池容积较大，相应水泵流量较小；当提水天数少时，需要的水池容积较小，相应水泵流量较大。因此，为充分发挥高位水池的蓄水优势并减少太阳能光伏水泵的功率，需要找出高位水池容积与太阳能光伏水泵功率之间的最优组合。

一般来说提水时间应大于或至少等于灌溉周期，当灌溉周期为 4d，灌水间隔为 10d 时，连续提水天数为 10、9、8、7、6 和 5d 等 6 种不同工况，详见表 4 - 12。

表 4 - 12　　　　　　　风光耦合提水灌溉工况说明

方案	工况	提水天数	灌溉周期/d	工况说明
灌溉保证率 85%，灌水定额 6.52m³/亩	工况 1	10	4	在 10d 灌水间隔期内，先提水 6d 至高位水池，从第 7d 开始灌溉，总提水天数 10d
	工况 2	9	4	在 10d 灌水间隔期内，先提水 4d 至高位水池，从第 7d 开始灌溉，总提水天数 9d
	工况 3	8	4	在 10d 灌水间隔期内，先提水 3d 至高位水池，从第 7d 开始灌溉，总提水天数 8d
	工况 4	7	4	在 10d 灌水间隔期内，先提水 2d 至高位水池，从第 7d 开始灌溉，总提水天数 7d
	工况 5	6	4	在 10d 灌水间隔期内，先提水 1d 至高位水池，从第 7d 开始灌溉，总提水天数 6d
	工况 6	5	4	在 10d 灌水间隔期内，从第 7d 灌溉开始提水，总提水天数 5d

3. 提水流量

根据灌溉用水量和拟定的提水时间确定风光耦合水泵的提水流量：

$$Q_d = W/(\eta t_{ds})　　　　　　(4-15)$$

式中　　Q_d——风光耦合日提水量；

　　　　W——灌溉净用水量；

　　　　η——灌溉水利用系数，本书取 0.90；

　　　　t_{ds}——提水天数，根据设置的工况选择。

计算得日提水量为 140m³。

4. 调节水池容量

调节水池的容量，需要由一次灌水时期内的太阳能光伏日提水量和日灌溉水量确定，再通过水量平衡分析，根据不同工况中的太阳能提水累计提水量减去灌溉用水累计用水量，即可得到调节水池的容量。计算方法如下：

$$V_n = \sum_{i=1}^{n} Q_i - \sum_{i=1}^{n} W_i \qquad (4-16)$$

则 $$V = \max(V_1, V_2, \cdots, V_{10}) \qquad (4-17)$$

式中 V_n——一次灌溉时期内日需调节水池容量，m^3；

$\quad\quad Q_i$——一次灌溉时期内风光耦合日提水量，m^3；

$\quad\quad W_i$——一次灌溉时期内日灌溉用水量，m^3；

$\quad\quad i$——一次灌溉时期内的天数，d，$1 \leqslant i \leqslant 10$；

$\quad\quad V$——调节水池容积，m^3。

但由于风光耦合日提水时间为 7h，小于日灌水时间，所以，水池的容积最小值不可能为 0，水池容积的最小值应为

$$V_{\min} = Q_i - (W_i T_d) / t_d \qquad (4-18)$$

式中 $V_{\min}$——水池最小容积，m^3；

$\quad\quad T_d$——风光耦合日提水时间，h，取 6h；

$\quad\quad t_d$——灌溉用水日灌水时间，h。

根据上述计算公式，确定 6 种工况下水泵提水流量和所需的水池极限容量和最后所定水池容量。

计算分析可知，各种工况下太阳能和水池总投资差别不大，相对来说工况 6（即在 10d 灌水间隔期内，从第 7d 灌溉开始提水，总提水天数 10d）总投资最小，方案最优。但考虑到本项目为利用太阳能光伏提水灌溉，太阳日照每天都不一样，强弱不一，在实际运行中不可能完全按照设计条件运行。另外太阳能提水时间从 9：00 开始，计划的灌溉时间为 7：00—16：00 共 10h，需要水池有一定的调蓄容量。因此结合项目示范研究需要，选择工况 4 作为设计方案，即风光耦合提水方案高位水池容积选用 1000m^3（每个分区 1 座，每座 500m^3），水泵设计提水流量为 20m^3/h，设计日出水量为 160m^3。

5. 风光耦合提水总扬程确定

确定提水总扬程，需要根据表 4-8 中所计算得出的提水流量确定经济管径，然后再根据两者确定沿程水头损失和局部水头损失。

（1）风光耦合提水经济管径确定。按规范规定，吸水管道流速可取 $V=1.5\sim2.0\text{m/s}$，出水管道流速可取 $V=1.0\sim1.5\text{m/s}$，根据不同工况下计算得知水管管径，吸水管与出水管采用镀锌钢管和 PVC - U 塑料管，其中镀锌钢管 50m（管径 dn65，壁厚 6mm），PVC - U 塑料管 500m（管径 dn110）。

（2）上水管水头损失计算。

$$h_f = f\frac{LQ^m}{d^b} \tag{4-19}$$

式中　h_f——沿程水头损失；

　　　f——摩阻系数，根据规范，参照硬塑料管，取 0.464；

　　　Q——流量，L/h；

　　　d——管内径，mm；

　　　L——管段长度，m；

　　m、b——流量指数、管径指数，取 $m=1.77$，$b=4.77$。

局部水头损失一般按照沿程水头损失的 $10\%\sim20\%$ 估算，本书取 20%。

（3）系统总扬程的确定。通过各系统的最不利点工作压力，合理选择高位水池的位置。项目区选择修建 2 个高位水池，高程分别为 162.3m 和 166.7m，水泵安装高程为 84.60m。

由于项目采用蓄水池调节，因此，泵站的系统扬程由按照式（4-20）计算：

$$H_p = \sum h_w + h_0 + \Delta Z \tag{4-20}$$

式中　H_p——水泵设计工作水头；

　　$\sum h_w$——各级管道水头损失之和；

　　　h_0——水源处的过滤器及其他水头损失；

　　　ΔZ——地形高差。

计算得水泵设计工作水头为 102.50m。

6. 风光耦合水泵机组的选择

根据水泵提水流量 $20\text{m}^3/\text{h}$，扬程 102.50m，选择专用光伏水泵 SPA615K130，日提水量 $100\sim130\text{m}^3$，扬程 $135\sim99\text{m}$，电

机功率 15kW。

7. 太阳能光伏系统选择

（1）太阳能光伏水泵系统组成。系统主要由太阳能发电系统（太阳能电池阵列）、光伏扬水逆变器和三相交流水泵三个部分组成，见图 4-11。太阳能发电系统由多块太阳能电池组件串并联而成，吸收日照辐射能量并将其转化为电能，为整个系统提供动力电源。光伏扬水逆变器对系统运行进行控制和调节，将太阳能电池阵列发出的直流电转换为交流电，驱动水泵，并根据日照强度的变化实时地调节输出频率，实现最大功率点跟踪，最大限度地利用太阳能。

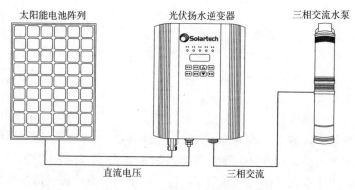

　　太阳能电池阵列　　　光伏扬水逆变器　　　三相交流水泵

直流电压　　　　　三相交流

图 4-11　太阳能发电装置示意图

（2）太阳能电池组件。根据《光伏提水工程技术规范》（SL 540—2011），计算以下参数：

1）光伏阵列最大峰值水功率按照式（4-21）计算：

$$N_{sf} = \frac{1}{3.6}\rho g Q_{\max} H \qquad (4-21)$$

式中　　N_{sf}——峰值水功率，W；

　　　　$Q_{\max}$——水泵峰值流量，m^3/h；

　　　　H——系统总扬程，m；

　　　　g——重力加速度，m/s^2；

ρ——水密度，kg/m^3。

2）光伏提水系统水泵峰值功率按照式（4-22）计算：

$$N_{pf} = \frac{N_{sf}}{k_1 k_2 k_3} \qquad (4-22)$$

式中 N_{pf}——提水系统峰值水功率，W；

$\quad\quad k_1$——流量修正系数，取 0.85；

$\quad\quad k_2$——提水机具形式修正系数，0.67；

$\quad\quad k_3$——电力传动形式修正系数，0.70。

3）光伏阵列容量按照式（4-23）计算：

$$N = k_4 k_5 N_{pf} \qquad (4-23)$$

式中 N——光伏阵列容量，W；

$\quad\quad k_4$——太阳能资源修正系数，取 0.9；

$\quad\quad k_5$——光伏阵列跟踪太阳方式修正系数，取 1.1；

$\quad\quad N_{pf}$——提水系统峰值水功率，W。

根据以上各式，代入数据，可计算得到光伏阵列容量 $N=$ 21.97kW，选用 22kW，占地 230m^2。

（3）太阳能转换控制系统。光伏扬水逆变器能对系统的运行实施控制和调节，可将太阳电池阵列发出的直流电转换成交流电，从而驱动水泵，并根据日照强度的变化实时地调节输出频率，实现最大功率点跟踪（MPPT）。根据光伏水泵的功率，选择 1 台 PB15KH 光伏扬水逆变器（见表 4-13），1 台 PC-H8/A 系统控制柜。光伏扬水控制柜集成光伏扬水逆变器与光伏汇流箱，在没有太阳能供电情况下可切换至由市电或柴油机供电工作。

表 4-13　　　　　　　　光伏扬水逆变器规格

型　号		PB15KH
输入	最大光伏输入功率/kW	22
	最大直流开路输入电压/V	750
	最大功率跟踪（MPP）电压/V	500～600

续表

型　号		PB15KH
输出	额定功率/kW	15
	额定交流输出电流/A	45
	额定交流输出电压/V	380
	输出频率/Hz	0～50
	输出相数	三相
适配水泵	适配水泵种类	交流潜水泵
	适配水泵额定功率/kW	15
	适配水泵额定电压/V	380
保护功能	过压、欠压保护	有
	过载保护	有
	过热保护	有
	打干保护	有
	防雷保护	有
数据显示		LED
防护等级		IP52
使用温度/℃		－10～＋50

8. 风能系统选择

风力发电机采用垂直轴式风力发电机，功率为22kW，带动18kW水泵工作。

风电充电控制电路结构：直流发电机、前级泄荷斩波电路、三相整流电路、滤波电路与刹车控制电路、电子刹车控制电路串联组成回路，滤波电路又通过Buck和Boost混合稳压电路、铅酸电池专用充电控制电路、蓄电池组与后级泄荷电路相连，滤波电路又直接与后级泄荷电路相连。本项目中，风力发电机组由20个弦弧式垂直轴风力发电机组成。

通过安装智能控制系统根据气候条件自动切换风能和太阳能，带动水泵工作。

4.5.5　首部枢纽

首部控制系统由高位水池出水，在输水管路的干管上接离心过滤器＋砂石过滤器＋叠片过滤器、蝶阀、水表、逆止阀、排气阀等。

（1）首部管理房。为了管理方便，在首部修建一间 $105m^2$ 管理房。

（2）调节水池。项目区已有 2 座 $500m^3$ 半埋式钢筋混凝土水池，每座水池配套初级过滤设施。

（3）施肥系统。施肥系统主要为施肥池，施肥池由水泥砖砌筑而成，配套一座 $8m^3$ 水池，施肥池布置在水池的上方。

（4）过滤器。本项目水源为地下水，滴灌区配置叠片过滤器，过流能力为 $20m^3/h$。

4.5.6　配套设施

（1）阀门及阀门井。项目区滴灌系统支管及以上各级管道的首端应设控制阀和排气阀，在支管的末端设冲洗排水阀。考虑到管道运行安全，在首部最高处、管道起伏的高处、顺坡管道上端阀门的下游、逆止阀的上游设置排气阀。

（2）镇墩。在直径大于 50mm 的管道末端以及边坡、转弯、分岔处、阀门位置设置镇墩，镇墩为预制混凝土结构，通过角钢套和管道连接，角钢套用预埋螺栓固定。当坡度大于 20% 或管径大于 65mm 时，宜每隔一定距离增设支墩。

4.5.7　试验方案及结果分析

1. 灌溉试验方案

本次试验的目的在于验证评价风光耦合提水灌溉系统的可行性和经济效益，因此，试验站对两个灌溉分区做不同处理：分区一使用风光耦合提水灌溉系统；分区二使用太阳能提水灌溉系统。

两个分区分别种植木薯，每个分区灌溉面积为 200 亩，土壤

容重为 $1.27g/cm^3$，田间持水量为 25%，适宜土壤含水量上限（重量百分比）为 80%，适宜土壤含水量下限（重量百分比）为 50%，灌溉水利用系数为 0.9。每个分区配有高位水池 1 座，蓄水容积为 $500m^3$。

灌溉方式为滴灌或微润灌，木薯种植间距为 1.0m，每行布置一条滴管带或微润管（即毛管间距为 1.0m）。其中，滴灌带管径为 $\phi16$，壁厚为 0.30mm，滴孔间距为 0.4m，流量为 2.0L/h，工作压力为 0.10MPa，最大运行压力水头为 0.20MPa。毛管平均间距为 1.0m，铺设长度为 60~100m。微润管选用深圳微润灌公司出品的二代微润管，单米流量可达 2.0L/h，工作压力为 0.02MPa，最大运行压力水头为 0.10MPa。

2. 灌溉效果分析

由图 4-12、图 4-13 可以看出，本试验中，风光耦合提水系统完全可以满足木薯灌溉需水，但在 3—7 月存在些许能量的浪费，在实际使用中可考虑 4—6 月停开。而仅使用太阳能光伏提水的分区二则在 4—6 月能够满足木薯需水，在其余月份均不能满足木薯需水量。若不考虑高位水池调蓄功能，光伏提水量与木薯年灌溉需水量的总差额达 $1951m^3$。观察辐射强度变化情况，可知在 3 月，提水能力不足主要原因是太阳辐射不够强，在 7—10 月则是受水泵功率限制。在同等光照条件下，扩建光伏提水系统至提水能力提高 1.5 倍，即太阳能光伏阵列容量（水泵或水泵组总输入功率）为 33kW 时，太阳能提水能力见图 4-14。

整体而言，风能在季节上与太阳能有互补关系，但由于风能不确定性较大，区域差异性大，许多地方风速较小，对风力发电机的要求较高，不建议在全区推广。太阳能在全区分布差异性不大，较为稳定，通过适宜的光伏电池容量选择，应能满足木薯灌溉要求。在安装风光耦合系统的区域，可以在木薯生长初期（如 4—6 月）停开风能发电机，节约能源。

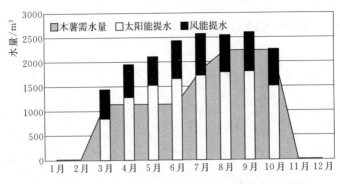

图 4 - 12 分区一风光耦合提水量与木薯需水量对比

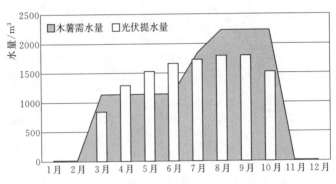

图 4 - 13 分区二太阳能光伏提水量与木薯需水量对比

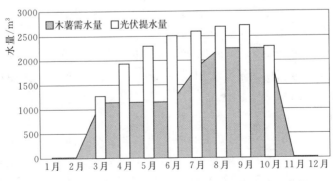

图 4 - 14 扩建后输入功率 33kW 的太阳能提水量（虚拟）

4.6　本章小结

本章主要取得以下三个方面的结论：

（1）广西太阳能、风能资源丰富，气候条件对太阳能提水灌溉木薯限制性较小。广西年平均太阳总辐射为 $4395.45\mathrm{MJ/m^2}$，全区各地年太阳总辐射为 $3682.2\sim5642.8\mathrm{MJ/m^2}$，平均年日照时数为 $1477.4\mathrm{h}$。广西木薯的灌溉季节正是太阳能峰值期，所以利用太阳能进行提水灌溉是非常适宜的。广西风能资源随时间地点条件不同变化很大。广西地处低纬度，属亚热带季风区，其风力冬季最大，春季次之，其中桂西北在春季最大，桂西南与冬季基本持平；秋季主要集中分布在桂东地区，桂西大部及桂东的中部地区相对较低；夏季最小。广西风能资源可与太阳能资源形成互补作用，保障木薯提水灌溉的顺利开展实施。

（2）广西太阳能提水灌溉木薯的主要限制性条件是坡度，适宜太阳能提水的灌溉区域主要分布在贵港市、玉林市、南宁市、来宾市、北海市等区域。根据坡度与耕地的匹配性分析结果认为坡度为 $0°\sim25°$ 的耕地适宜开展太阳能提水灌溉种植木薯，广西适宜开展太阳能提水灌溉的旱地面积为 71.85 万 $\mathrm{hm^2}$，其中贵港市、玉林市、南宁市、来宾市、北海市适宜开展太阳能提水灌溉的旱地面积最大。

将坡度为 $0°\sim10°$ 的旱地作为耕地与坡度的最佳匹配区域。通过统计分析广西适宜太阳能提水灌溉的最佳匹配区旱地面积为 62.3 万 $\mathrm{hm^2}$，从空间上看最佳匹配区主要分布在贵港市、南宁市和来宾市。

（3）太阳能-风能提水灌溉系统在试验站点灌溉木薯取得较好的效果，风能和太阳能在季节上存在互补关系。风光耦合提水系统完全可以满足木薯灌溉需水量，但在 3—7 月存在些许能量的浪费，而仅使用太阳能光伏提水的分区二则在 4—6 月能够满足木薯需水量，在其余月份均不能满足木薯需水量。风能在季节上与太阳能有互补关系，但由于风能不确定性较大，区域差异性较大。在安装风光耦合系统的区域，可以在木薯生长初期（如4—6月）停开风能发电机，节约能源。

第5章

高效节水灌溉管理技术要点

5.1 灌溉节水灌溉工程管理模式

1. "企业＋协会＋农户"的管理模式

这种管理模式是由国家或企业投资建设高效节水灌溉设施，工程建成后，由企业联合受益村（屯）联合成立糖料蔗、木薯灌溉服务协会，具体负责水灌溉工程的运行管理，与农户签订糖料蔗、木薯种植协议，水利灌溉运行管理费先由糖料蔗、木薯企业垫付，糖料蔗、木薯收获后要售予该企业，从鲜薯进厂后扣除，糖料蔗、木薯增产的收益由企业和农户分成，实行风险共担、利益共享的原则。

2. "并户联营构建农民专业合作社"管理模式

这种管理模式是由多户农民将各自的小块土地并成一块大面积的糖料蔗、木薯种植区，交给农民专业合作社经营管理，由其中的几户专业种植大户具体实施。通过机械化耕作，进行水、肥、药一体化管理，提高糖料蔗、木薯的单产。

3. "农民用水者协会＋专管人员"管理模式

这种管理模式是农民用水者协会通过"一事一议"民主决策，统一种植结构，统一实施高效节水工程建设，工程建成后归村民所有。由村委会组织、村民民主推荐专人负责工程的运行管理，一般一个灌溉系统控制面积 200～500 亩不等，通常推选2～8人进行管理，亩均管理费用 6～12 元，管理费用由农民用水者协会向会员统一收取，统一发放给管理人员。管理人员负责首部设备运行、设施维修养护和作物全生育期的灌溉、施肥工作。种植、中耕、除草及收获等田间管理工作由农户自行承担。

4."村组＋专管人员"管理模式

这种管理模式由村委会组织、民主推荐专人负责工程的运行管理。村委会召开村民大会，实行民主决策、统一种植结构，统一高效节水工程建设，工程建成后归村民所有。一般按照一个灌溉系统控制面积 200～500 亩不等，推选 2～8 人进行管理，管理费用按 6～12 元/亩标准由农民均摊，并由村委会向村民统一收取，统一发放给专管人员。专管人员要服从村委会统一管理，接受水利部门业务指导和监督，负责首部设备运行、设施维修养护和糖料蔗、木薯全生育期的灌溉、施肥工作。种植、中耕、除草及收摘等田间管理工作由农户自行承担。村委会和村民之间不涉及土地经营权和经济利益关系。

5.2 糖料蔗、木薯节水灌溉工程管理技术要点

高效节水灌溉工程管理主要分为泵站管理、首部枢纽管理和灌溉系统管理等 3 个方面，灌溉系统管理包括输配水管网运行管理和田间工程运行管理。

5.2.1 泵站管理

1. 水泵启动检查

水泵启动前应进行检查，并应符合下列要求：

1）水泵各紧固件连接正确，无松动。

2）泵轴转动灵活，无杂音。

3）填料压盖或机械密封弹簧的松紧度适宜。

4）采用机油润滑的水泵，油质洁净，油位适中。

5）采用真空泵充水的水泵，真空管道上的闸阀处于开启状态。

6）水泵吸水管进口和长轴深井泵、潜水电泵进水节的淹没深度和悬空高度达到规定要求。

2. 离心泵

（1）启动前准备：

1）试验电机转向是否正确。从电机顶部往泵为顺时针旋转，试验时间要短，以免使机械密封干磨损。

2）打开排气阀使液体充满整个泵体，待充满后关闭排气阀。

3）检查各部位是否正确。

4）用手盘动泵以使润滑液进入机械密封端面。

（2）操作程序及要求：

1）合上柜内空气开关 ZK（该开关设有短路过流保护）。

2）通过而板切换开关 CKT 和电压表检查三相电压是否平衡，且均为 380V（如不平衡可检查三只 RD 是否熔断），否则严禁操作起设备。

3）泵体是否充满水（排气检查），严禁无水运行。

4）若电流检查及水泵充水正常时，可将"手动、自动"切换开关切于"自动"。

5）按"起动"按钮，注意观察柜体表计的变化和水泵的工作状态。

6）当水泵"起动"运转 10～12s 渐平稳时，由时间继电器 SJ 自动将"起动"转为"运行"工况，此时，若无用水量，压力表应指示为 0.5MPa，"手动"运行时也应遵循这一原则。

7）如果一次"起动"失败，则需经过 7min 左右的时间后方可进行第二次"起动"操作，否则易造成变压器损坏。

8）应时常注意检查电机温升和异常噪声，如发现异常可按"停止"或"急停"按钮，禁止电机运转时拉闸。

9）应注意电压过低运行时，电机会过流运行（1g $\leqslant$

0.5%），其连续运行时间 $t \leqslant 4h$，待冷却一段时间再投入运行。

10）检查轴封漏情况，正常时机械密封泄漏应小于 3 滴 /min。

11）检查电机轴承处温升 $\leqslant 70℃$。

12）非经专业人员及设备管理人员指导和许可，严禁他人擅自改变设备参数及操作设备。

13）设备管理人员应逐步熟知设备工作原理及熟练各项操作。

（3）维护要求：

1）进口管道必须充满液体，禁止泵在气蚀状态下长期运行。

2）定期检查电机电流值不得超过电机额定电流。

3）泵进行长期运行之后，由于机械磨损，使机组的噪声及振动增大时，应停机检查，必要时可更换易损零件及轴承，机组大修期一般为 1 年。

4）应保持电机及电控柜内外的清洁和干燥。

5）定期给电机加黄油（一般为 4 个月左右，且应为钙基或钙钠基黄油）。

6）经常起动设备会造成接触"动、静"触头烧损，应不定期检查并用砂纸打磨，触头接触面严重烧损的，触头应及时更换（3 周至 2 个月）。

7）机械密封润滑应无固体颗粒。

8）严禁机械密封在干磨情况下工作。

9）启动前应盘动（电机）几圈，以免突然启动造成石墨环断裂损坏。

10）停机维修时，检查设备接线是否松动或掉线，并加以固定。所有以上操作及维护工作都必须严格执行国家有关电气设备工作安全的组织措施和技术措施的规定，确保自身、他人及电气设备不受损害。

3. 潜水泵

（1）潜水泵宜采用管道连接，严禁用电缆吊装入水。

（2）下水以后用 500V 遥表测电机对地电阻不低于 5MΩ。

（3）查三相电源电压，是否符合规定，各种仪表、保护设备及接线正确无误后方可开闸起动。电机起动后慢慢打开阀门调整到额定流量，观察电流、电压应在铭牌规定的范围内，听其运动声有无异常及振动现象，若存有不正常现象应立即停机，找出原因处理后方可继续开车。

（4）电泵第一次投入运转 4h 后，停机速测热态绝缘电阻。

（5）电泵停车后，第二次起动要隔 5min，防止电机升温过高和管内水锤发生。

5.2.2　首部枢纽运行管理

1. 过滤装置

（1）运行前的准备：

1）开启水泵前认真检查过滤器各部位是否正常，抽出网式过滤器网芯检查，有无砂粒和破损。各个阀门此时都应处于关闭状态，确认无误后再启动水泵。

2）在系统运行前，必须先将过滤网抽出，对过滤设备系统进行冲洗。

3）检查网式过滤器网芯，确认其网面无破损后装入壳内，不得与任何坚硬物质碰撞。

4）水泵开启后，应使其运转 3～5min，使系统中的空气由排气阀排出，待完全排空后打开压力表旋塞，检查系统压力是否在额定的排气压力范围内，当压力表针不再上下摆动，无噪声时，可视为正常，过滤设备可进入工作状态。

（2）运行操作程序：

1）打开通向各个砂石罐进水的阀门。

2）缓慢开启泵与砂石过滤器之间的控制阀，使阀门开启到一定位置，不要完全打开，以保证砂床稳定，提高过滤精度。

3）缓慢开启砂石过滤器后边的控制阀门与前一阀门处于同一开启程度，使砂床稳定压实，检查过滤装置两压力表之间的压差是否正常，确认无误后，将第一道阀门缓慢打开，开启第二道闸阀将流量控制在设计流量的 60%～80%，一切正常后方可按设计流量运行。

4）过滤装置在运行中，应对其仪表进行认真检查，并对运行情况做好记录。

5）过滤装置在运行中，出现意外事故，应立即关泵检查，对异常声响应检查原因再工作。

6）过滤装置工作完毕后，应缓慢关闭砂石过滤器后边的控制阀门，再关水泵以保持砂床的稳定，也可在灌溉完毕后进行反复的反冲洗，每组中的两罐交替进行，直到过滤器冲洗干净，以备下次再用。如过滤介质需要更换或部分更换也应在此时进行，砂石过滤器冲洗干净后在不冻情况下应充满干净水。

7）当过滤装置两端压力差超过 0.03MPa 时，应抽出网芯清洗污物后，封好封盖。但封盖不可压得过紧，以延长橡胶使用寿命。

8）停灌后，应将过滤设备所有设备打扫干净，进行保养。冬季应将过滤器中的水放净。

（3）注意事项：

1）过滤装置按设计水处理能力运行，以保证过滤装置的使用性能。

2）过滤设备安装前，应按过滤装置的外形尺寸做好基础处理，保证地面平整、坚实，做混凝土基础，并留有排砂及冲洗水流道。

3）应有熟知操作规程的人负责过滤装置的操作，以保证过滤设备的正常运行。

4）为保证过滤装置的外观整洁，安装时应进行表面喷漆尽可能防止损坏。

（4）砂石过滤器使用注意事项：

1）应密切注意进出水口压力表读数的变化，当压差接近最大允许值时，应对过滤器进行反冲洗。

2）在系统工作时，可关闭一组过滤器进水口的一个蝶阀，同时打开相应排水蝶阀排污口，使由另一只过滤器过滤后的水由过滤器的下方向上流入介质层进行反冲洗，泥沙、污物可顺排砂口排出，直至排出水为净水无混浊物为止，每次只可对一组两罐进行反冲洗。

3）反冲洗的时间和次数依当地水源情况而定。

4）反冲洗完毕后，应先关闭排污口，缓慢打开进水口蝶阀使砂床稳定压实。

5）稍后对另一个过滤器进行反冲洗。

6）对于悬浮在介质表面的污染层，可待灌水完毕后清除，过污的介质应用干净的介质代替，视水质情况应对介质进行每年1～4次彻底清洗。

7）当过滤器内存在有机物和藻类，可能会将砂粒堵塞，应按一定比例加入氯或酸，把过滤器浸泡24h，然后反冲洗直到放出清水。

8）过滤器使用到一定时间，当砂粒损失过大或粒度减小，应更换或添加过滤介质。

（5）网式过滤器使用注意事项：

1）当进出口压力接近最大允许值时，就应对网芯进行清洗。

2）先将网芯抽出清洗，两端保护密封圈用清水冲洗，也可用软毛刷刷净，但不可用硬物。

3）当网芯内外都清干净后，再将过滤器金属壳内的污物用清水冲净，由排污口排出。

4）按要求装配好，重新装入过滤器。

5）工作时应注意，过滤器的网芯为不锈钢网，很薄，所以在保养、保存、运输时要格外小心，不得碰破，一旦破损就应立即更换过滤网。严禁筛网破损使用。

（6）叠片过滤器使用注意事项：

1）确保电动反冲洗控制器的额定电压与交流电源的供电电压匹配。

2）安装连接管道的时候确保做好防止漏水的措施。

3）在系统工作的时候不要用湿手去触摸控制器的按钮。

4）在过滤单元内存压力的时候不要打开卡箍。

5）注意在接管道的时候要注意进水和出水的接法正确。

6）在接通控制器的电源前先确保盖板盖好，以免伤及人身安全。

7）如要对过滤单元的内部进行检查，必须在系统停止了3～5min后待冲洗过滤单元内的水流尽后，再去打开卡箍，以确保人身安全。

8）应尽量避免使用液体胶粘剂作为密封剂，如若使用，则应绝对保证不得将胶粘剂在紧固过程中流入泵体内，否则会造成靠离心力甩出的叶片与转子粘住而出现无压力的故障现象；如使用生料带作为密封材料，也要绝对保证防止生料带脱落进入泵的内部而出现同样的故障。

9）各个管道应按说明选用，不得变径缩小。

10）维修、更换各个配件前，必须切断电源。

2. 施肥装置

（1）施肥罐。

1）打开施肥罐，将所需滴施的肥（药）倒入施肥罐中。

2）打开进水球阀，进水至罐容量的1/2后停止进水，并将施肥罐上盖拧紧。

3）施肥（药）时，先开施肥罐出水球阀，再打开其进水球阀，稍后缓慢关两球阀间的闸阀，使其前后压力表差比原压力差增加约0.05MPa，通过增加的压力差将罐中肥料带入系统管网之中。

4）施肥（药）20～40min即可完毕，具体情况根据经验以及罐体容积大小和肥（药）量的多少判定。

5）滴施完一轮罐组后，将两侧球阀关闭，先关进水阀后关出水阀，将罐底球阀打开，把水放尽，再进行下一轮灌组施滴。

（2）施肥池。

1）将可溶性肥料倒入施肥池，其体积不应超过施肥池的1/4。

2）打开施肥池进水阀门，确保进池的压力不小于 10m 水柱。

3）待施肥池的水充满一半时，打开施肥阀，启动施肥泵，将水肥溶液注入灌溉系统。

4）灌溉结束后，人工清理施肥池内残留的杂质。

（3）施肥操作安全。

1）施用固态肥料需要与水混合搅拌成液肥，当需注入酸性物质或农药时应特别小心，防止发生危险反应。施用农药时要严格按农药使用说明进行，注意保护人身安全。

2）施肥时应控制剂量，避免过量施肥造成环境污染。

3）一般滴灌系统常用的过滤系统的筛网为 120～150 目，肥液要经过过滤，从而使灌溉系统安全运行。

4）施用农药应有对人体健康的有害期、进入田间的时间、安全着装等规定说明。在施用农药之前应出示警示牌，告知正在滴灌施药，不能饮用灌溉系统的水等事项。

5.2.3　输配水管网运行管理

（1）灌溉季节前，应对管道进行检查、冲洗、试水，并应符合下列要求：

1）管道通畅，无漏水现象。

2）控制闸阀启闭灵活、安全保护设备动作可靠。

3）地埋管道的阀门井中无积水，管道的裸露部分完整无损。

4）量测仪表盘面清晰，显示正常。

（2）灌溉时，如发现管道漏水、控制阀门或安全保护设备失灵，应及时停水检修；若量测仪表显示失准，应及时校正或更换。

（3）每次灌溉结束后，应放空管道内余水，保护管道及设备。

（4）灌溉季节后，应对管道进行维修和保养，内容应包括冲净泥沙、排放余水；保养安全保护设备和量测仪表；阀门涂油，阀门井加盖；地埋管与地面可拆卸部分的接口处加盖或妥善包扎，地面金属管道表面定期进行防锈处理。

5.2.4　田间工程运行管理

（1）灌水前应对灌水器及其连接进行检查和补换。

（2）灌水时应认真查看，对堵塞和损坏的灌水器应及时处理和更换，必要时应打开毛管尾端放水冲洗。

（3）灌溉季节后，应对微喷带、滴头和滴灌管（带）等进行检查，修复或更换损坏和已被堵塞的灌水器。

（4）灌溉季节后，应打开微喷带、滴灌管（带）末端进行冲洗，必要时应进行酸洗。移动式滴灌管（带）宜卷盘收回室内保管。

5.3　广西糖料蔗、木薯节水灌溉工程管理模式

根据糖料蔗、木薯滴灌工程的特点，结合糖料蔗、木薯生产的要求，构建由灌水技术、农艺技术、农机技术和管理技术等组成的工程管理模式图。

5.3.1　灌水技术

灌水技术包括灌溉的基本特征、灌溉制度和技术要求。

（1）基本特征：①糖料蔗、木薯灌溉呈"两头小中间大"的规律，即在苗期、块茎形成期和块茎成熟期需水量相对较小，块茎膨大期需水量较大；②滴灌系统是实现水肥一体化的载体，在糖料蔗、木薯生育前期灌溉施肥同时进行；③主要保证块茎形成期、膨大期灌水以及下种时生态用水，灌水遵循多次少量原则。

（2）灌溉制度详见第 3 章。

（3）技术要求：①推荐采用地表滴灌，均匀行铺设，每行布设 1 根滴灌带，建议优先选用单孔流量为 1.0L/h 的滴灌带，压

力补偿式滴灌带可铺设 200m 左右，非压力补偿式滴灌带要控制在 100m 以内，在铺设时应保持滴头朝上，采用单翼迷宫滴灌带的凸面朝上；②滴灌带在铺设过程中不能被刮坏或磨损；③滴灌系统运行时，按轮灌制度打开相应的分干管及支管阀门，当一个轮灌区灌溉结束后，先开启下一个轮灌组阀门，再关闭当前轮灌组阀门，先开后关，严禁先关后开；④滴灌系统运行当中，应严格按照过滤器设计流量与压力进行操作，严禁超压、超流量运行，并及时对过滤设备进行清洗；⑤管网运行时，要定期冲洗管道，灌溉水质较差时，要经常冲洗滴灌带，顺序要按照干管、支管、毛管依次进行，在田间进行其他农事活动，应避免损伤滴灌带；⑥水源多为河流水、水库水、山塘水，要配套离心＋砂石＋叠片过滤器对灌溉水进行过滤；⑦糖料蔗、木薯多种植在坡地，管材应采用 0.63MPa 以上的 PVC－U 管，埋设于地下，埋深 0.6m 以上。

5.3.2　农艺技术

农艺技术主要包括主要耕作栽培措施、施肥方案等。

1. 主要耕作栽培措施

（1）整地松地，保证土质疏松，机械开沟成畦，沟宽 70～100cm，畦高 25～35cm，保证灌排通畅。选用"早熟、高产、稳产、品质优良、淀粉含量高"的品种，生育期 200～230d 的品种。适时播种，一般在 3 月 1—20 日。干播湿出，播后及时滴出苗水。

（2）采用机械种植模式：行宽 80～100cm，株宽 80～100cm。

（3）栽种时，先将种茎斜切成 10～13cm 长，带有 3 个以上芽，做到切面平整无损伤，表皮种芽无破损。为了提高出苗率，种茎上每 10cm 环状剥去 3mm 宽的皮。

（4）出苗后在阴天查苗间苗，亩均株数为 700～800 株，每坑 1～2 株壮苗。

（5）植后 40～50d，苗高 20cm 左右时，进行第一次中耕除草，离根部 20cm 内浅锄，20cm 外深锄松土和去净杂草，促进幼苗生长。植后 70～80d，进行第二次中耕除草，离根部 30cm 内浅锄，30cm 外深锄，并进行清沟培土，以利于天排水和防止块根外露变质。植后 100d 左右，如果草多可进行第三次中耕除草。

（6）化学调控：在块茎膨大期可以 15％多效唑可湿性粉剂 50～60g/亩兑 50kg 水，喷施叶面肥，控制糖料蔗、木薯植株快速生长，促进地下块根生长，从而提高糖料蔗、木薯的产量。

（7）针对糖料蔗、木薯的特点，采用生物措施进行防控病虫害，选择抗病品种和无病的种茎进行种植，有条件的适当轮种，有效利用天敌防治螨害，严重时可采用烟叶、苦楝浸出液进行扑杀。

（8）及时检测糖料蔗、木薯淀粉含量，及时收获，收获不宜过早过迟，否则会降低块根的淀粉含量，并且销售价格也会降低。

（9）及时销售：糖料蔗、木薯含水率较高，存放太久容易腐烂并减轻重量。

2. 施肥方案

（1）全生育期分基肥、苗肥、结薯肥三次施用，施肥比例为 2：1：1，施肥种类均为复合肥，复合肥比例为 19：9：23，施肥方式采用水肥一体化。

（2）基肥在下种时施用：纯氮 14.90kg/亩，纯磷（P_2O_5）7.06kg/亩，纯钾 18.04kg/亩；苗肥在下种后 30～40d：纯氮 7.45kg/亩，纯磷（P_2O_5）3.53kg/亩，纯钾 9.02kg/亩；结薯肥在下种后 80～90d：纯氮 7.45kg/亩，纯磷（P_2O_5）3.53kg/亩，纯钾 9.02kg/亩。

（3）施肥避免在多雨水天气，避免在高温天气施肥。

5.3.3 农机技术

机械作业路线：耕整土地-铺设滴灌带、播种-中耕、除草、田间植保-水肥一体化、滴灌、施肥-机械化收获等。

5.3.4　管理技术

（1）滴灌系统操作人员应进行上岗培训，掌握基本操作要领，按各设备的操作规程进行操作。

（2）每年灌溉季节开始前，检查水泵、闸阀、过滤器是否正常。对蓄水池或沉淀池等水源工程应进行检查，发现损坏及时维修，对池内沉积物要清理干净；对地埋管道进行检查，试水，保证管路畅通。

（3）严格按照滴灌系统设计的轮灌组进行灌溉，切记先开后关、严禁先关后开。应按照设计压力运行，以保证系统正常工作。

（4）糖料蔗、木薯生产目前成本较高，应重点推进水肥药一体化，促进糖料蔗、木薯早出苗，早长块茎，提供足够的水、肥等养分，促进块茎尽快膨大，保障产量，降低成本，提高竞争力。

（5）利用滴灌系统追肥，施肥器必须安装在二级过滤器之前，一级过滤器前必须安装逆止阀，避免滴灌系统突然停止工作，水体倒灌造成水源污染。

参 考 文 献

［1］ 广东省农业科学院.中国甘蔗栽培学［M］.北京：农业出版社，1985.

［2］ 李杨瑞.现代甘蔗学［M］.北京：中国农业出版社，2010.

［3］ 杨焱.广西糖料蔗产业高效节水灌溉规模化建设研究［J］.中国水利，2015（769）：39－43.

［4］ 闫九球，吴卫熊.广西糖料蔗高效节水灌溉方式适应性调查［J］.中国水利，2015（769）：44－48.

［5］ 李为虎，杨永红.参考作物腾发量计算方法在拉萨的适应性对比分析［J］.安徽农业科学，2009，37（34）：16745－16748.

［6］ 谢平，陈晓宏，刘丙军，等.湛江地区适宜参考作物腾发量计算模型分析［J］.农业工程学报，2008，24（5）：6－11.

［7］ 孙庆宇，佟玲，张宝忠，等.参考作物腾发量计算方法在海河流域的实用性［J］.农业工程学报，2010，26（11）：68－72.

［8］ 陈玉民.关于作物系数的研究及新进展［J］.灌溉排水，1987，6（2）：1－7.

［9］ 李玉霖，崔建垣，张铜会.奈曼地区灌溉麦田蒸散量及作物系数的确定［J］.应用生态学报，2003，14（6）：930－934.

［10］ 赵娜娜，刘钰，蔡甲冰，等.夏玉米作物系数计算与耗水量研究［J］.水利学报，2010，41（8）：953－959.

［11］ Allen R G. Using the FAO－56 dual crop coefficient method over an irrigated region as part of an evapotranspiration intercomparion study［J］. Hydrology，2000，229（1－2）：27－41.

［12］ 赵丽雯，吉喜斌.基于FAO－56双作物系数法估算农田作物蒸腾和土壤蒸发研究［J］.中国农业科学，2010，43（19）：4016－4026.

［13］ Inman－Bamber，N. G. and McGlinchey，M. G. Crop coefficients and water－use estimates for sugarcane based on long－term Bowen ratio energy balance measurements［J］. Field Crops Research，2003，83（1）：125－138.

［14］ Sanda Kyaw Win，Oscar B. Zamora，San Thein. Determination of the Water Requirement and Kc Values of Sugarcane at Different Crop

Growth Stages by Lysimetric Method [J]. Sugar Tech, 2014, 16 (3): 286 - 294.

[15] Vicente de P. R. da Silva1, Cicera J. R. Borges, et al. Water requirements and single and dual crop coefficients of sugarcane grown in a tropical region, Brazil [J]. Agricultural Sciences, 2012, 3 (2): 274 - 286.

[16] M. K. V. CARR, J. W. KNOX. THE WATER RELATIONS AND IRRIGATION REQUIREMENTS OF SUGAR CANE (SACCHARUM OFFICINARUM): A REVIEW [J]. Expl Agric, 2011, 47 (1): 1 - 25.

[17] S. N. A. Abdul Karim, S. A. Ahmed, V. Nischitha, et al. FAO 56 Model and Remote Sensing for the Estimation of Crop - Water Requirement in Main Branch Canal of the Bhadra Command area, Karnataka State [J]. J Indian Soc Remote Sens, 2013, 41 (4): 883 - 894.

[18] 王浩, 杨贵羽, 贾仰文, 等. 土壤水资源的内涵及评价指标体系 [J]. 水利学报, 2006, 37 (4): 389 - 394.

[19] 孟春红, 夏军. "土壤水库" 储水量的研究 [J]. 节水灌溉, 2004, 4 (1): 8 - 10.

[20] 靳孟贵, 张人权, 方连玉, 等. 土壤水资源评价研究 [J]. 水利学报, 1999, 8: 30 - 34.

[21] 陈皓锐, 黄介生, 伍靖伟, 等. 冬小麦根层土壤水量平衡的系统动力学模型 [J]. 农业工程学报, 2010, 26 (10): 21 - 28.

[22] 胡庆芳, 尚松浩, 田俊武, 等. FAO56 计算水分胁迫系数的方法在田间水量平衡分析中的应用 [J]. 农业工程学报, 2006, 22 (5): 40 - 43.

[23] 康绍忠, 刘晓明. 土壤-植物-大气连续体水分传输理论及其应用 [M]. 水利电力出版社, 1994.

[24] 张顺谦, 邓彪, 杨云洁. 四川旱地作物水分盈亏变化及其与气候变化的关系 [J]. 农业工程学报, 2012, 28 (10): 105 - 111.

[25] 茆智, 李远华, 李会昌. 逐日作物需水量预测数学模型研究 [J]. 武汉水利电力大学学报, 1995, 28 (3): 253 - 259.

[26] D. Esther Shekinah, P. Rakkiyappan. Conventional and Microirrigation Systems in Sugarcane Agriculture in India [J]. Sugar Tech, 2011, 13 (4): 299 - 309.

[27] Daniel S. P. Nassif, Fabio R. Marin, Leandro G. Costa. Evapo-

transpiration and Transpiration Coupling to the Atmosphere of Sugar-cane in Southern Brazil: Scaling Up from Leaf to Field [J]. Sugar Tech, 2014, 16 (3): 250 - 254.

[28] B. PANIGRAHI, S. D. SHARMA, B. P. BEHERA. Irrigation Water Requirement Models of Some Major Crops [J]. Water Resources Management, 1992, 6 (1): 69 - 77.

[29] Wiedenfeld, R. P. Scheduling water application on drip irrigated sugarcane [J]. Agricultural Water Management, 2004, 64 (1): 169 - 181.

[30] 陆耀凡, 廖雪萍, 陈欣, 等. 近40年广西右江河谷甘蔗生长季干旱时空特征 [J]. 气象研究与应用, 2015, 36 (2): 62 - 65.

[31] 李毅杰, 王维赞, 何红, 等. 基于蒸发皿水面蒸发量的甘蔗滴灌栽培灌溉量研究 [J]. 南方农业学报, 2013, 44 (7): 1130 - 1134.

[32] 李就好, 谭颖, 张志斌, 等. 滴灌条件下砖红壤水分运动试验研究 [J]. 农业工程学报, 2005, 21 (6): 36 - 39.

[33] 陈渠昌, 吴忠渤, 佘国英, 等. 滴灌条件下沙地土壤水分分布与运移规律 [J]. 灌溉排水, 1999, 18 (1): 28 - 31.

[34] 刘雪芹, 范兴科, 马甜. 滴灌条件下砂壤土水分运动规律研究 [J]. 灌溉排水学报, 2006, 25 (3): 56 - 59.

[35] 朱德兰, 李昭军, 王健, 等. 滴灌条件下土壤水分分布特性研究 [J]. 水土保持研究, 2000, 7 (1): 81 - 84.

[36] 罗文扬, 王一承, 习金根. 滴灌条件下土壤水分运移动态研究 [J]. 华南热带农业大学学报, 2006, 12 (3): 14 - 59.

[37] 穆哈西, 赛尔江·乌尔曼别克. 基于滴灌的土壤三维湿润体体积及灌水定额 [J]. 节水灌溉, 2014 (10): 26 - 32.

[38] 张振华, 蔡焕杰, 郭永昌. 滴灌土壤湿润体影响因素的试验研究 [J]. 农业工程学报, 2002, 18 (2): 17 - 20.

[39] 张振华, 蔡焕杰, 杨润亚. 地表滴灌土壤湿润体特征值的经验解 [J]. 土壤学报, 2004, 41 (6): 870 - 875.

[40] 李光永, 曾德超, 郑耀泉. 地表点源滴灌土壤水分运动的动力学模型与数值模拟 [J]. 水利学报, 1998 (11): 21 - 25.

[41] 李明思, 康绍忠, 孙海燕. 点源滴灌滴头流量与湿润体关系研究 [J]. 农业工程学报, 2006, 22 (4): 32 - 35.

[42] 康银红, 马孝义, 李娟. 黄土高原重力式地下滴灌水分运动模型与分区参数研究 [J]. 农业机械学报, 2008, 39 (3): 90 - 95.

[43] 张林, 吴普特, 范兴科. 多点源滴灌条件下土壤水分运动的数值模

拟 [J]. 农业工程学报，2010，26 (9)：40 - 45.

[44] 广西土壤肥料工作站. 广西土壤资源调查数据集 [M]. 南宁：广西科学技术出版社，1990.

[45] 广西土壤肥料工作站. 广西土壤 [M]. 南宁：广西科学技术出版社，1991.

附表　农业灌溉用水定额

类别	作物名称	用水定额					单位	水文年型	灌溉方式	栽培方式
		桂东	桂西	桂中	桂南	桂北				
稻谷种植	早稻	≤220	≤230	≤240	≤250	≤260	m³/667m²·造	平水年	格田灌溉	露地
		≤280	≤290	≤300	≤310	≤320	m³/667m²·造	枯水年		
		≤175	≤180	≤185	≤190	≤195	m³/667m²·造	平水年	薄浅湿晒	露地
		≤220	≤225	≤225	≤235	≤240	m³/667m²·造	枯水年		
	中稻	≤280	≤290	≤300	≤315	≤325	m³/667m²·造	平水年	格田灌溉	露地
		≤355	≤365	≤375	≤390	≤400	m³/667m²·造	枯水年		
		≤220	≤225	≤230	≤240	≤245	m³/667m²·造	平水年	薄浅湿晒	露地
		≤275	≤280	≤285	≤295	≤300	m³/667m²·造	枯水年		
	晚稻	≤335	≤345	≤355	≤375	≤385	m³/667m²·造	平水年	格田灌溉	露地
		≤425	≤435	≤445	≤465	≤475	m³/667m²·造	枯水年		
		≤265	≤270	≤275	≤290	≤295	m³/667m²·造	平水年	薄浅湿晒	露地
		≤330	≤335	≤340	≤355	≤360	m³/667m²·造	枯水年		

续表

类别	作物名称	用水定额					单位	水文年型	灌溉方式	栽培方式
		桂东	桂西	桂中	桂南	桂北				
玉米种植	春玉米	≤65	≤70	≤70	≤75	≤75	m³/667m²·造	平水年	沟灌	露地
		≤80	≤85	≤85	≤95	≤95	m³/667m²·造	枯水年		露地
		≤40	≤40	≤45	≤45	≤50	m³/667m²·造	平水年	管道淋灌	露地
		≤50	≤50	≤60	≤60	≤65	m³/667m²·造	枯水年		
	秋玉米	≤115	≤120	≤125	≤135	≤140	m³/667m²·造	平水年	沟灌	露地
		≤145	≤150	≤155	≤165	≤175	m³/667m²·造	枯水年		
		≤80	≤85	≤85	≤90	≤95	m³/667m²·造	平水年	管道淋灌	露地
		≤100	≤110	≤110	≤115	≤120	m³/667m²·造	枯水年		
豆类种植	豆类	≤80	≤85	≤90	≤95	≤95	m³/667m²·造	平水年	沟灌	露地
		≤100	≤105	≤110	≤120	≤120	m³/667m²·造	枯水年		
		≤40	≤40	≤45	≤45	≤50	m³/667m²·造	平水年	管道淋灌	露地
		≤55	≤55	≤60	≤60	≤65	m³/667m²·造	枯水年		

续表

类别	作物名称	用水定额 桂东	桂西	桂中	桂南	桂北	单位	水文年型	灌溉方式	栽培方式
油料种植	花生	≤75	≤75	≤80	≤85	≤85	m³/667m²·造	平水年	沟灌	露地
		≤95	≤95	≤100	≤110	≤110	m³/667m²·造	枯水年	沟灌	露地
		≤55	≤60	≤60	≤65	≤70	m³/667m²·造	平水年	微喷灌	露地
		≤70	≤75	≤75	≤80	≤85	m³/667m²·造	枯水年	微喷灌	露地
		≤30	≤30	≤35	≤35	≤35	m³/667m²·造	平水年	滴灌	露地
		≤40	≤40	≤45	≤45	≤45	m³/667m²·造	枯水年	滴灌	露地
薯类种植	木薯	≤95	≤95	≤100	≤110	≤110	m³/667m²·造	平水年	沟灌	露地
		≤120	≤120	≤125	≤140	≤140	m³/667m²·造	枯水年	沟灌	露地
	淮山	≤65	≤70	≤70	≤75	≤80	m³/667m²·造	平水年	沟灌	露地坚种
		≤80	≤90	≤90	≤95	≤100	m³/667m²·造	枯水年	沟灌	露地坚种
		≤205	≤215	≤225	≤240	≤250	m³/667m²·造	平水年	沟灌	露地横种
		≤255	≤270	≤280	≤300	≤310	m³/667m²·造	枯水年	沟灌	露地横种
	红薯	≤70	≤75	≤80	≤85	≤85	m³/667m²·造	平水年	沟灌	露地
		≤90	≤95	≤100	≤110	≤110	m³/667m²·造	枯水年	沟灌	露地
	马铃薯	≤100	≤105	≤110	≤115	≤120	m³/667m²·造	平水年	沟灌	露地
		≤125	≤130	≤135	≤145	≤150	m³/667m²·造	枯水年	沟灌	露地

续表

类别	作物名称	用水定额 桂东	桂西	桂中	桂南	桂北	单位	水文年型	灌溉方式	栽培方式
糖料种植	糖料蔗	≤165	≤170	≤180	≤190	≤200	$m^3/667m^2 \cdot$造	平水年	沟灌	露地
		≤205	≤215	≤225	≤240	≤250	$m^3/667m^2 \cdot$造	枯水年		
	糖料蔗	≤80	≤85	≤90	≤95	≤95	$m^3/667m^2 \cdot$造	平水年	滴灌	露地
		≤100	≤105	≤110	≤115	≤115	$m^3/667m^2 \cdot$造	枯水年		
	果蔗	≤220	≤230	≤240	≤255	≤265	$m^3/667m^2 \cdot$造	平水年	沟灌	露地
		≤285	≤295	≤310	≤330	≤340	$m^3/667m^2 \cdot$造	枯水年		
烟草种植	烤烟	≤160	≤170	≤175	≤185	≤195	$m^3/667m^2 \cdot$造	平水年	沟灌	露地
		≤200	≤210	≤220	≤235	≤245	$m^3/667m^2 \cdot$造	枯水年		
蔬菜种植	水生菜类	≤515	≤540	≤560	≤595	≤620	$m^3/667m^2 \cdot$造	平水年	淹灌	露地
		≤655	≤690	≤720	≤765	≤795	$m^3/667m^2 \cdot$造	枯水年		
	茎菜类	≤50	≤50	≤50	≤55	≤60	$m^3/667m^2 \cdot$造	平水年	管道淋灌	露地
		≤65	≤65	≤65	≤70	≤75	$m^3/667m^2 \cdot$造	枯水年		
		≤75	≤80	≤80	≤85	≤90	$m^3/667m^2 \cdot$造	平水年	管道淋灌	设施
		≤85	≤95	≤95	≤100	≤105	$m^3/667m^2 \cdot$造	枯水年		

续表

类别	作物名称	用水定额 桂东	桂西	桂中	桂南	桂北	单位	水文年型	灌溉方式	栽培方式
蔬菜种植	芋头(茎)菜类	≤435	≤455	≤475	≤505	≤525	m³/667m²·造	平水年	沟灌	露地
		≤555	≤580	≤605	≤645	≤670	m³/667m²·造	枯水年		
		≤215	≤225	≤235	≤250	≤260	m³/667m²·造	平水年	滴灌	露地
		≤275	≤290	≤300	≤320	≤335	m³/667m²·造	枯水年		
	叶菜类	≤190	≤200	≤210	≤220	≤230	m³/667m²·造	平水年	沟灌	露地
		≤245	≤255	≤265	≤285	≤295	m³/667m²·造	枯水年		
		≤70	≤75	≤80	≤85	≤85	m³/667m²·造	平水年	管道淋灌	露地
		≤90	≤95	≤100	≤110	≤110	m³/667m²·造	枯水年		
		≤95	≤100	≤105	≤110	≤115	m³/667m²·造	平水年	喷灌	露地
		≤120	≤130	≤135	≤140	≤150	m³/667m²·造	枯水年		
		≤95	≤95	≤100	≤110	≤115	m³/667m²·造	平水年	管道淋灌	设施
		≤125	≤125	≤130	≤140	≤145	m³/667m²·造	枯水年		
	春种葱蒜类	≤75	≤80	≤80	≤90	≤90	m³/667m²·造	平水年	微喷灌	露地
		≤95	≤105	≤105	≤115	≤115	m³/667m²·造	枯水年		
		≤85	≤90	≤90	≤95	≤100	m³/667m²·造	平水年	喷灌	露地
		≤105	≤115	≤115	≤125	≤130	m³/667m²·造	枯水年		

续表

类别	作物名称	用水定额 桂东	桂西	桂中	桂南	桂北	单位	水文年型	灌溉方式	栽培方式
蔬菜种植	冬种葱蒜类	≤155	≤160	≤170	≤180	≤190	$m^3/667m^2 \cdot$造	平水年	喷灌	露地
		≤200	≤210	≤215	≤230	≤240	$m^3/667m^2 \cdot$造	枯水年		
	根菜类	≤95	≤95	≤100	≤110	≤115	$m^3/667m^2 \cdot$造	平水年	管道淋灌	露地
		≤125	≤125	≤130	≤140	≤145	$m^3/667m^2 \cdot$造	枯水年		
		≤60	≤65	≤70	≤70	≤75	$m^3/667m^2 \cdot$造	平水年	滴灌	露地
		≤80	≤85	≤90	≤90	≤95	$m^3/667m^2 \cdot$造	枯水年		
	花菜类	≤95	≤95	≤100	≤110	≤115	$m^3/667m^2 \cdot$造	平水年	微喷灌	露地
		≤125	≤125	≤130	≤140	≤145	$m^3/667m^2 \cdot$造	枯水年		
		≤160	≤170	≤175	≤190	≤195	$m^3/667m^2 \cdot$造	平水年	沟灌	露地
		≤205	≤215	≤225	≤240	≤250	$m^3/667m^2 \cdot$造	枯水年		
	荚果类	≤95	≤100	≤105	≤115	≤115	$m^3/667m^2 \cdot$造	平水年	微喷灌	露地
		≤125	≤130	≤135	≤150	≤150	$m^3/667m^2 \cdot$造	枯水年		
		≤215	≤225	≤235	≤250	≤260	$m^3/667m^2 \cdot$造	平水年	沟灌	露地
		≤275	≤290	≤300	≤320	≤335	$m^3/667m^2 \cdot$造	枯水年		
	茄果类	≤260	≤270	≤280	≤300	≤310	$m^3/667m^2 \cdot$造	平水年	滴灌	设施
		≤300	≤315	≤330	≤350	≤365	$m^3/667m^2 \cdot$造	枯水年		

续表

类别	作物名称	桂东	桂西	桂中	桂南	桂北	单位	水文年型	灌溉方式	栽培方式
		≤115	≤120	≤125	≤130	≤140	m³/667m²·造	平水年	沟灌	露地
		≤145	≤150	≤160	≤170	≤175	m³/667m²·造	枯水年		
	春种大型瓜类	≤60	≤65	≤70	≤70	≤75	m³/667m²·造	平水年	微喷灌	露地
		≤80	≤85	≤90	≤90	≤95	m³/667m²·造	枯水年		
		≤45	≤45	≤45	≤50	≤50	m³/667m²·造	平水年	滴灌	露地
		≤60	≤60	≤60	≤65	≤65	m³/667m²·造	枯水年		
	秋种大型瓜类	≤140	≤145	≤155	≤160	≤170	m³/667m²·造	平水年	微喷灌	露地
		≤180	≤185	≤195	≤210	≤215	m³/667m²·造	枯水年		
蔬菜种植		≤105	≤110	≤115	≤120	≤125	m³/667m²·造	平水年	沟灌	露地
		≤130	≤140	≤145	≤155	≤160	m³/667m²·造	枯水年		
		≤65	≤70	≤75	≤80	≤80	m³/667m²·造	平水年	管道淋灌	露地
		≤85	≤90	≤95	≤105	≤105	m³/667m²·造	枯水年		
	小型瓜类	≤80	≤80	≤85	≤90	≤95	m³/667m²·造	平水年	微喷灌	露地
		≤105	≤105	≤110	≤115	≤120	m³/667m²·造	枯水年		
		≤50	≤55	≤55	≤60	≤65	m³/667m²·造	平水年	滴灌	露地
		≤65	≤70	≤70	≤75	≤80	m³/667m²·造	枯水年		
		≤90	≤95	≤100	≤105	≤110	m³/667m²·造	平水年	滴灌	设施
		≤105	≤110	≤115	≤120	≤125	m³/667m²·造	枯水年		

续表

类别	作物名称	用水定额					单位	水文年型	灌溉方式	栽培方式
		桂东	桂西	桂中	桂南	桂北				
蔬菜种植	鲜食豆类果类	≤110	≤115	≤120	≤125	≤130	m³/667m²·造	平水年	微喷灌	露地
		≤140	≤145	≤150	≤160	≤170	m³/667m²·造	枯水年		
		≤95	≤95	≤100	≤110	≤115	m³/667m²·造	平水年	管道淋灌	露地
		≤125	≤125	≤130	≤140	≤145	m³/667m²·造	枯水年		
		≤155	≤160	≤170	≤180	≤190	m³/667m²·造	平水年	管道淋灌	设施
		≤200	≤210	≤215	≤230	≤240	m³/667m²·造	枯水年		
		≤70	≤70	≤75	≤80	≤85	m³/667m²·造	平水年	滴灌	露地
		≤90	≤90	≤95	≤100	≤105	m³/667m²·造	枯水年		
花卉种植	花木	≤115	≤120	≤125	≤130	≤140	m³/667m²·a	平水年	滴灌	设施
		≤145	≤150	≤160	≤170	≤175	m³/667m²·a	枯水年		
		≤240	≤250	≤260	≤280	≤290	m³/667m²·a	平水年	管道淋灌	露地
		≤305	≤320	≤335	≤355	≤370	m³/667m²·a	枯水年		
		≤275	≤290	≤300	≤320	≤330	m³/667m²·a	平水年	喷灌	露地
		≤350	≤370	≤385	≤410	≤425	m³/667m²·a	枯水年		
		≤345	≤360	≤375	≤400	≤415	m³/667m²·a	平水年	管道淋灌	设施
		≤400	≤420	≤440	≤465	≤485	m³/667m²·a	枯水年		

续表

类别	作物名称	用水定额 桂东	桂西	桂中	桂南	桂北	单位	水文年型	灌溉方式	栽培方式
仁果类和核果类水果种植	荔枝	≤45	≤45	≤45	≤50	≤50	m³/667m²·a	平水年	管道淋灌	露地
		≤60	≤60	≤60	≤65	≤65	m³/667m²·a	枯水年	管道淋灌	露地
		≤55	≤55	≤60	≤65	≤65	m³/667m²·a	平水年	微喷灌	露地
		≤70	≤70	≤75	≤85	≤85	m³/667m²·a	枯水年	微喷灌	露地
	龙眼	≤45	≤45	≤45	≤50	≤50	m³/667m²·a	平水年	管道淋灌	露地
		≤60	≤60	≤60	≤65	≤65	m³/667m²·a	枯水年	管道淋灌	露地
		≤55	≤55	≤60	≤65	≤65	m³/667m²·a	平水年	微喷灌	露地
		≤70	≤70	≤75	≤85	≤85	m³/667m²·a	枯水年	微喷灌	露地
葡萄种植	葡萄	≤145	≤150	≤155	≤165	≤175	m³/667m²·a	平水年	沟灌	避雨棚
		≤185	≤190	≤200	≤215	≤220	m³/667m²·a	枯水年	沟灌	避雨棚
		≤95	≤100	≤105	≤110	≤115	m³/667m²·a	平水年	管道淋灌	露地
		≤120	≤130	≤135	≤140	≤150	m³/667m²·a	枯水年	管道淋灌	露地
		≤55	≤55	≤60	≤65	≤70	m³/667m²·a	平水年	滴灌	避雨棚
		≤75	≤75	≤80	≤85	≤90	m³/667m²·a	枯水年	滴灌	避雨棚
		≤90	≤90	≤95	≤100	≤105	m³/667m²·a	平水年	微喷灌	避雨棚
		≤120	≤120	≤125	≤130	≤135	m³/667m²·a	枯水年	微喷灌	避雨棚

续表

类别	作物名称	用水定额					单位	水文年型	灌溉方式	栽培方式
		桂东	桂西	桂中	桂南	桂北				
柑橘类种植	柑橘	≤250	≤260	≤275	≤290	≤300	m³/667m²·a	平水年	沟灌	露地
		≤320	≤335	≤350	≤370	≤385	m³/667m²·a	枯水年		
		≤145	≤150	≤155	≤165	≤175	m³/667m²·a	平水年	管道淋灌	露地
		≤185	≤190	≤200	≤215	≤220	m³/667m²·a	枯水年		
		≤215	≤225	≤235	≤250	≤260	m³/667m²·a	平水年	微喷灌	露地
		≤275	≤290	≤300	≤320	≤335	m³/667m²·a	枯水年		
		≤60	≤60	≤65	≤65	≤70	m³/667m²·a	平水年	滴灌	露地
		≤75	≤75	≤85	≤85	≤90	m³/667m²·a	枯水年		
香蕉等亚热带水果种植	香蕉	≤180	≤190	≤195	≤210	≤220	m³/667m²·a	平水年	沟灌	露地
		≤225	≤235	≤245	≤260	≤270	m³/667m²·a	枯水年		
		≤55	≤60	≤60	≤65	≤70	m³/667m²·a	平水年	滴灌	露地
		≤70	≤80	≤80	≤85	≤90	m³/667m²·a	枯水年		

续表

类别	作物名称	\\	用水定额				单位	水文年型	灌溉方式	栽培方式
		桂东	桂西	桂中	桂南	桂北				
香蕉等亚热带水果种植	芒果	≤75	≤80	≤80	≤85	≤90	m³/667m²·a	平水年	管道淋灌	露地
		≤95	≤105	≤105	≤110	≤115	m³/667m²·a	枯水年		
		≤50	≤50	≤55	≤60	≤60	m³/667m²·a	平水年	滴灌	露地
		≤65	≤65	≤70	≤75	≤75	m³/667m²·a	枯水年		
		≤130	≤140	≤145	≤155	≤160	m³/667m²·a	平水年	沟灌	露地
		≤170	≤175	≤185	≤195	≤205	m³/667m²·a	枯水年		
	火龙果	≤70	≤75	≤80	≤85	≤85	m³/667m²·a	平水年	管道淋灌	露地
		≤90	≤95	≤100	≤110	≤110	m³/667m²·a	枯水年		
		≤90	≤95	≤100	≤105	≤110	m³/667m²·a	平水年	喷灌	露地
		≤115	≤120	≤125	≤135	≤140	m³/667m²·a	枯水年		
		≤60	≤65	≤65	≤70	≤70	m³/667m²·a	平水年	滴灌	露地
		≤75	≤85	≤85	≤90	≤90	m³/667m²·a	枯水年		
		≤105	≤115	≤115	≤125	≤130	m³/667m²·a	枯水年		
		≤45	≤50	≤50	≤55	≤55	m³/667m²·a	平水年	管道淋灌	露地
		≤60	≤65	≤65	≤70	≤70	m³/667m²·a	枯水年